[法] 罗森·勒帕热

丹尼斯·雷图纳德　著

白琰媛　译

[法] 乔尔·博迪埃／绘

U0238821

一看就会的
花卉树木快速扦插大全
（全程图解版）

中国农业出版社

北　京

前　言

　　扦插虽然不是园林植物和室内植物繁殖的唯一方法，但它是园丁的一种乐趣：繁殖与母本一模一样的花儿，低成本布置自己的花园，或是通过扦插与人分享对牡丹或木兰的喜爱……尤其对于某些品种来说，扦插繁殖很容易上手，特别适合新手采用！

　　本书按作物分类逐一介绍，帮助您从植物中取用"正确的"、最适于生根的部分，详尽展示从扦插准备到移植入园的每一个步骤，教您一步一步顺利完成。书中配有时间表，提醒您在适宜的时间进行扦插或是插穗生根后及时移栽换盆。本书旨在让阅读本书的读者都能掌握扦插技术。

　　乔木、灌木，多年生或一年生花卉，室内植物、花园常见植物品种，适宜扦插繁殖的植物均在书中以常用名形式出现，并尊重原作，按法文单词首字母顺序排列。

　　书中对每种植物的介绍，除学名之外，也简单介绍了其相关种植注意事项（光照、土壤），以便您为插穗提供有利的生长条件。

　　此书为法国版权引进的园艺工具书，书中介绍了法国家庭园艺中关于扦插的技术要点。读者可把此书作为参考，结合我国园艺技术中关于扦插技术的操作要求，选择最适合自己的扦插方法，更好地享受园艺给我们带来的乐趣。

目　录

引　言

什么是扦插

扦插就是将母本的一部分分离出来，通过培养逐渐形成一个新的个体的过程。置于特定的环境中，从植物上切取的部分首先会生根，随后会长成独立的新植株。这一"魔法过程"是幼嫩的植物组织能够长出形成完整个体所缺成分的非凡能力带来的。因此，扦插繁殖与自然界中最常见的繁殖法——播种繁殖不同，不需要经过授粉以及种子萌发、生长和发育的过程。我们这里重点谈论的植物繁殖，是不通过授粉，而是切取植株营养器官的一部分来进行的繁殖。种子繁殖法是个体间的杂交，从而导致基因混合，所产生的子代多与亲代及前次交配产生的子苗不同，而扦插这种营养繁殖法则能保持原有品种的遗传信息，所产生的新个体与母体完全一样。

为什么要扦插繁殖

有时我们只能通过扦插来保持某些特定品种的（优良）性状（在这种情况下形成母株的克隆版本）或用这种办法繁殖在我们的气候环境下不能产生种子的植物——在生长季节即将结束的时候植物不能开花或其种子无法成熟。

任何园丁，无论是新手还是熟手，总是渴望亲手繁殖自己的植物。与人分享他对花卉树木特定品种的热爱，营造巨大的花海，或以低成本布置篱笆等。从这个需求出发，扦插就是植物营养繁殖最简单便捷的方法。

其他营养繁殖方式

　　分根　旨在将植物庞大的根系分割成 2～4 部分。每部分必须含有根和茎基部。这是一种无性繁殖方式，常用于多年生花卉，其簇数逐年增长。

　　压条　是将未脱离母体的枝条压入土内，促使埋压部分生根。新的主体和母株只有在埋地茎生根的情况下才会分离；可能需要很长时间，有时需要 1～2 年。对于低分枝的灌木来说，这是一种常用的繁殖方式，可以让它们容易地与土壤保持接触。

　　嫁接　即把植物的一部分枝段或芽接到另一种植物的茎或根（砧木）上用于繁殖，这将为其根系提供生长发育的条件，提高适应性，实现自我营养供给。

木质化插穗

1.普通插穗：用整枝剪在清晰可见的叶芽（眼）上方剪取一段已充分木质化，即有硬度且树皮变成棕色的枝条。

2.带踵插穗：在剪切的枝条基部保留主枝的一段。老枝的这部分形状会因获取方式不同存在差异，具体取决于获取枝条时是直接用手从树枝上辦下（见1）还是借助嫁接刀枝剪（见2）。

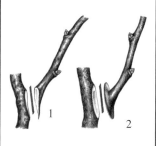

3.两枝插穗：枝条在其基部保留主枝的一段，这段分支长2～3厘米。

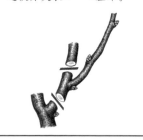

必须要提醒的是，有些扦插培育出的植物会和母株不同，但这仅是一种少见现象。

例如，具有金黄色镶边或银脉的虎尾兰品种经过扦插之后，叶片上的黄、白色斑纹会消失。此外，扦插苗寿命短于实生苗或分株苗。

可以扦插的植物有哪些

插穗部位的选择取决于植物品种、采穗季节和当地气候。每一品种都需要有其合适的扦插技巧，我们在介绍具体植物的扦插方法时对此进行了详细说明（18～217页）。

茎插或枝插冬季从落叶植物上采摘的插穗，我们称之为（无叶枝）木质化插穗。插穗长10～25厘米，植物种类不同，其长度有所差异。插条冬季不会生根：将插穗埋进朝北墙根的沙中越冬，春季取出；种植（在轻质土壤中）在2—4月进行，具体取决于植物品种。然而在大多数情况下，插穗采集一般在春季至初秋植物生长旺盛的季节进行。因此，

我们称之为带叶枝条插穗。根据品种不同，其长度为10～20厘米。对于大多数植物而言，采集的茎秆是柔软的，呈绿色：它们是一些草本茎插穗。

在乔木和灌木中，可以采集2种类型的带叶枝条作为插穗。事实上，插穗采集的时间不同，外观会有所差异，因为枝条会随着季节发生改变。它会变得越来越硬，颜色也会变化（由绿色变成棕色）；这就是人们常说的木质化，即枝条根茎中的维管形成层开始活动，向外形成次生韧皮部，向内形成

插穗处理

为减少带叶插穗的蒸腾量，应在种植之前去除枝条上的大部分叶片——最常见的是保留顶端的2片叶子。

仙人掌

仙人掌类植物多数没有叶，茎干肥厚多肉，能贮存大量水分。仙人掌扦插繁殖，只需剪取厚的茎节作为插穗即可。剪短并垂直种植，截取的茎节将分别生长出一株新的仙人掌。

如果母体仙人掌拥有更长的茎，相对应地，切取的插穗也应该更长。插穗浅埋入轻质土壤中，一段时间后，茎节将会生出幼芽，一个或者几乎在茎的每个潜伏芽处都会冒出（这些芽是肉眼看不见的）。

幼芽随即以带踵切下的方式与茎分离并换盆种植。混合基质的温度适宜（18～20℃）对于快速生根至关重要。

注意事项：这种繁殖方式也适用于朱蕉属和所有兰属植物。

次生木质部。在春季采集，灌木插穗是绿色且柔软的：它们是与其他植物一样的草本茎插穗。插穗采集时间若在6—8月，经过春季的生长期，树枝会逐步变为半木质化，故称为半硬枝、半草本或半熟枝插穗。

插穗采集若发生在初秋（8月下旬至9月上旬），树枝已完成了它们的年度演变，形成层以内至木心已充分木质化，枝条坚硬：这些插穗称为成熟枝插穗或硬枝插穗。

带叶枝条插穗生根期间，应注意控制水分，避免叶片水分大量蒸发。插穗应种植在温床内或扣上钟形罩（闷扦插）。春季至8月中旬，种植的插穗通常在冬季前生根；秋季种植的插穗，有可能在冬季生根。插穗通常在下一个春季到来之时出现萌动现象或生长的迹象（长出新叶）。

根插

对于乔木和灌木植物，切根处理即剪切掉了植株营养系统的一部分，因此根插繁殖是一种有难度的操作方法。小型植物使用根插繁殖效果更佳，一般在冬季休眠期采根。

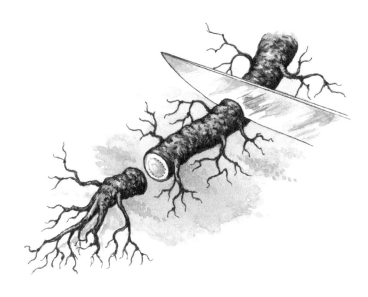

根段适宜沙藏，置于室内朝北的墙脚（沙藏），待第二年春季解冻后扦插。一般来说，生根需要较为充足的热量，即土壤温度要足够高（18～20℃）。

芽插（眼）

这是一个难度很高的扦插方式，只在没有足够的枝条时使用。芽插，是剪取植株的芽扦插繁殖的一种方法，即将带芽的茎梢或茎的部分，或将腋芽（连叶）从母株切离而进行扦插。在实际运用中，这种扦插方法通常被专业技术人员用于大量繁殖标本以作商用。

叶插

有些室内植物可借助一片叶子扦插繁殖出新的生命，这种繁殖方式称为叶插。叶插需在植株生长期选取发育充分的叶片和叶柄。将叶片平铺在基质上，叶柄浅埋入基质几厘米，多数情况下叶片基部会产生不定芽，但有时在叶柄周围（伽蓝菜属）或是叶脉处产生植株（秋海棠）。这种扦插繁殖法成功的关键在于叶柄与基质充分接触、适宜的温度以及插穗叶片周围的湿度。

鳞片扦插

这种扦插方式仅适用于具有鳞片的鳞茎（百合、贝母、虎眼万年青属等）。有趣的是，借助此扦插法可扩大繁殖系数，大量培育出鳞茎价格昂贵的品种。用鳞片繁殖种植百合是最容易成功的鳞片扦插案例，因为有时一些仍然附着在母鳞茎上的鳞片在其基部处带有一些新的小鳞茎。外围鳞片最适于形成新的鳞茎。一些球根状的花卉，例如唐菖蒲，鳞片扦插后，在鳞片基部伤口处可产生带根的小鳞茎，经过培养也可用于鳞片繁殖。

注意事项：我们采用鳞片扦插法繁殖球根花卉时必须要有耐心，因为鳞片扦插后，新植株至少需3～4年才可以开花。前面几年用来让鳞茎长得足够大，大到可以支持新植株开花。

扦插成功的关键步骤

选择插穗

为提高扦插成活率，选择插穗时必须遵循一定的原则。作为采条母本的植株（母株）必须保持良好的健康状态，正常生长（并非因滥用肥料而过度生长），并能充分代表繁殖物种或品种的特性。

每种植物只有某一类型的器官能够生根并长成新植株。为了解植物繁殖需要剪取的植株器官，请参阅书中按照物种分类排序的详细注释。

采集时避免选用长势过于旺盛的部位（如徒长枝）或是生长衰老，尤其是有疾病或有害虫攻击迹象的部位。

最好从不同的植株上采集多根插穗。

插穗处理

在扦插种植之前，必须处理好插穗：插穗的准备过程称为"给枝条穿衣"，其实，"脱衣"应该更为准确。依据植物种类的不同，插穗长度有所不同，一般应为5～25厘米，必要时需剪去插穗的大部分叶片（带叶枝条）以减少叶子蒸腾作用造成的水分流失。叶片较大时，叶片应剪去一半。

选择最佳混合基质

新生根生长缓慢且脆弱。混合基质必须给新生根的生长提供一个有利而并非阻碍其生长的环境。基质需要多孔透气。

此外，刚被去除叶片、剪截而成的插穗具有多处伤口，易被寄生微生物感染，这就要求扦插之前做好基质的消毒工作（见14页）。

河沙、灌木腐叶土、腐殖土、泥炭藓、草木灰、聚苯乙烯或黏土、泥炭土

采集插穗时的注意事项

使用锋利的修枝剪、嫁接刀或小刀剪切嫁接，使用前进行酒精火烤消毒或用70%的酒精消毒处理。在切断时，插穗上的切口应取可见的叶芽下方或叶片下方的位置（叶芽始终位于茎上叶片生长的位置）。正是在此处会形成茎的斑痕，新的根将从中诞生。

等都可作为扦插基质。通常，我们将两种材料，最常见的是泥炭土和河沙以相同的比列混合制成培养基质。

注意事项：扦插苗生根后，若要再次扦插，需要更换基质。

扦插养殖

根据植物种类的不同，其插穗插入深度也略有变化。草本类穗条扦插的深度一般为插穗长度的1/3（约5厘米），而木本类穗条扦插深度则是总长的1/2（10～15厘米）。若采用芽插，按此方式将插穗埋入基质内，芽尖露出基质表面，便于幼芽长出。采用根插，穗条覆以几厘米的混合土；如果是细根，需要平埋；如果是肉质根，需要直立，茎面朝上放置。采用叶插，将叶柄乃至叶基部埋入混合基层土中，叶片在土面。如果使用育苗箱培育，请不要扦插得过于密集，因为这样能大大降低插穗的感病率。

园艺师的正确示范

1.准备一根与插穗相同直径的长条棍。混合基质土装盆，用长条棍为插穗开孔。将插穗插入刚开的孔中，手指沿着插穗四周压实土壤。

2.扦插后，通过转动喷壶蓬头给植物喷淋，不要使用大水冲灌，否则插穗易倒，影响成活。

生根激素

每株植物都含有影响其器官生长发育的化学物质。人们能够人工合成诸如生根激素之类的物质以促进植株的营养部分生根。得益于这些生长激素，插穗可尽早生根并且根系更加茂盛，可快速适应新环境，恢复生长，长势更佳。

生根激素的使用方法简单。只需在剪切后将湿润的插穗基部浸入生根粉末中，浸入深度为0.5～3厘米。晃动插穗使其基部切口均匀覆上一层白色粉末，随后立即扦插。

注意事项：应遵循推荐剂量，因为加大用量或浓度过高会导致植珠畸形，甚至插穗死亡。插穗根系的快速生长更易受到害虫和真菌侵入，因此一定要做好混合基质的杀菌消毒处理。最后，避免生长剂与眼睛、皮肤和黏膜接触。

穗的各种塑料或玻璃保护装置。若将植物置于户外，春季或夏季的时候应避免阳光直射。

定植可在扦插的同一年或上盆后的1～2年进行，需要根据植物种类的不同给予精心养护。

插后养护

扦插后为促使插穗尽快生根，需加强插后管理。将插穗放在光线充足的地方，倘若窗户朝南，则应遮阴，避免暴晒。

湿度是插穗生根成活的重要条件。给插穗定期浇水和喷水。如果通过覆盖塑料薄膜或是加扣钟形罩进行闷插法扦插，那么浇水和叶面喷雾就不是必不可少的了。但在这种情况下，需特别小心水分过多而招致插穗腐烂的情况发生。最后要注意一个重要因素：温度。

扦插繁殖时基质温度至少要与母株要求的温度保持一致，尤其是室内植物。有些植物还要求基质温度（底温）稍高于气温，这样有利于插穗生根。这种可达到30℃的热度将由电热丝（大多数园艺店有售）提供，或者仅需将插穗放在散热片上即可。

插穗一旦生根发芽，植物就会快速生长，长出新的叶片。小苗生长速度快，长到一定的高度时，幼苗就显得很拥挤，养分已不能满足它生长的需要，这时就有必要将幼苗移植到比原来宽敞、养分更充足的培养土中去继续生长发育。

移栽之后，需要再养护一段时间帮助插穗适应新盆环境。慢慢地降低土壤的湿度和浇水量。逐渐去除扦插盆上用以闷养插

如何阅读本书

操作难度:

★ 易
★★ 有点难
★★★ 难
★★★★ 极难

植物科属: 灌木

拉丁学名

通用名称

扦插方式: 茎插

通用名称——紫薇

灌木

Lagerstroemia indica L.

最佳扦插期

茎插

1 2 3 4 5 6 7 8 9 10 11 12

最佳移植期

夏季,从未开花且已硬化的新生侧枝上剪取茎秆顶梢,剪成15－20厘米长作为插穗。摘除基部的部分叶片并切去尖端。

将插穗种植于温床内,扦插入等量河沙和泥炭土配制的混合基质里。按照此方式培育直至冬末。

在春季,将插穗种在荫蔽处,夏季定期浇水保湿。按照此方式栽种1年,然后定植。

紫薇对寒冷天气很敏感。除了气候温和的地区,在其他地方需要将紫薇种植在朝南墙根,喜肥沃且黏性高的土壤(黏土比例高)。采用扦插繁殖可让新植株保留紫薇母株的优良性状,实现完全复制。

在12月进行根插扦插是可行的,操作过程见前面内容(见21页)。

141 一看就会的花卉树木快速扦插大全(全程图解版)

日历表一目了然,可以知晓何时扦插(进行插穗剪切)以及移栽(如有必要)。

植物识别图谱

种植与扦插注意事项

植物扦插实例

★

六道木属植物

Abelia

茎插

最佳扦插期
▼

| 1 | 2 | 3 | 4 | 5 | 6 | 7 | 8 | 9 | 10 | 11 | 12 |

▲
最佳移植期

六道木属植物对环境的适应性弱，不耐寒：需将其种植在阳光充足的地方，喜微酸性土壤。开花之后（5～7月），通过修剪枝条采集插穗。扦插繁殖是六道木属植物繁殖的唯一方法。

开花后剪枝，以促六道木属枝条分枝。

在夏季开花后，剪取10厘米长的新生枝条顶梢（春季生）作为插穗。

摘除所有叶片，仅保留顶生的4片叶子。

将插穗扦插入盆，植入湿河沙和湿泥炭各半的混合基质里，插穗深度以至少埋入2个节点为宜；每盆种3根插穗。种植后将其置于遮蔽角落（例如，北面墙根）。

第二年冬天放在不会结冰的场所（温床、车库、温室、带棚的花园等处）

翌年春季，将插穗移植入园，自次年夏天开始可能首次开花。

金铃花

Abutilon pictum

茎插

最佳扦插期

| 1 | 2 | 3 | 4 | 5 | 6 | 7 | 8 | 9 | 10 | 11 | 12 |

最佳移植期

1 春季，剪取7～10厘米长的金铃花枝条顶梢作为插穗。

2

切去枝条尖端，摘掉所有叶片，仅保留最高处的两片叶子。

将插穗下端（埋入基质部分）伸入生根粉末中蘸取少许。晃动插穗以去除多余的粉末。

金铃花是一种非广适性灌木，通常放于玻璃棚（冬季温度12～15℃），宜在腐殖土和腐叶土按1：1混合的土壤中生长。每年春季换盆后，宜修剪植株采集插穗。这是一种保持植株各品种优良特性的最佳繁殖方式。

3

4

将插穗扦插入盆，植入河沙和泥炭土各半的混合基质里。放置在迷你温室内养护（最佳温度20℃）。

大约1个月后，将插穗移栽到装有腐殖土的花盆里，每一盆栽种3根插穗以长出更加茂盛的植株。

红穗铁苋菜

Acalypha hispida

茎插

最佳扦插期

| 1 | 2 | 3 | 4 | 5 | 6 | 7 | 8 | 9 | 10 | 11 | 12 |

最佳移植期

红穗铁苋菜，在18～25℃的环境下，在等量泥炭土、河沙和普通腐殖土混合的培育基质中生长旺盛。其插穗生根对温度的要求较高，扦插繁殖是红穗铁苋菜繁殖的唯一方法。

春季，从侧枝上采集新生的分枝枝条，采集插穗时向下掰取，使其基部带少许主枝部分（呈踵状）。

使用剪刀或小刀剪掉下部叶片。

将插穗扦插入河沙和泥炭土各半的混合基质中，放置在迷你温室内养护（最佳温度18～25℃），并经常浇水以保持土壤湿润。当插穗长至30厘米时，将其换盆，种到成年植株生长的土壤基质中。

待插穗生根后，修剪植株，剪掉整个高度的1/3，以促使植株多萌新枝、多发花芽。

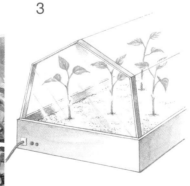

虾膜花

Acanthus mollis

根插

最佳扦插期 ▼

| 1 | 2 | **3** | 4 | 5 | 6 | 7 | 8 | 9 | 10 | 11 | **12** |

▲
最佳移植期

12月，选择健康的植株，整株拔起，挑选生长情况良好的根系：将其切成若干3～5厘米长的根段。

将这些根段扦插入瓷罐或花盆中，埋进3厘米深的轻质土壤里（例如泥炭土和河沙）。

虾膜花植物喜散射光，适宜在疏松通气、排水良好的土壤中栽种。分株和扦插是最常见的繁殖方法。第二种繁殖法具有大规模培育幼苗的优势。

一旦新叶生出（3月），就将其换盆到河沙和普通腐殖土各半的混合基质里。

将虾膜花假植在盆内，1年后定植到花坛中。

软枣猕猴桃

Actinidia arguta, A. kolomikta

茎插

最佳扦插期 ▼

| 1 | 2 | 3 | 4 | 5 | 6 | 7 | 8 | 9 | 10 | 11 | 12 |

▲
最佳移植期

夏季盛果树期，在凉爽湿润的环境中，软枣猕猴桃树具有强大的攀爬能力，容易形成树上缠绕的状况，同时结果颇多。扦插繁殖是保持猕猴桃品种优良特性的唯一繁殖方法。插穗生根对温度要求较高，需要足够的热量。

在法国卢瓦河流域以北的寒冷区，将猕猴桃植株放置在向阳的地方。

夏季，剪取柔软的新生枝条顶梢（春季后生长的），将其截成15～20厘米长的插穗。

1

2

摘除所有叶片，仅保留顶生叶片。

3

将插穗扦插入河沙和泥炭土各半的混合基质中。整个冬天放置在迷你温室内养护（土壤最佳温度20～25℃）。给插穗经常喷水保持其湿度。

4

翌年春季，可将生根的插穗栽种到光照充足的地方。

蜻蜓凤梨

AEchmea fasciata

叶插

| 最佳扦插期 |
| 1 | 2 | 3 | 4 | 5 | 6 | 7 | 8 | 9 | 10 | 11 | 12 |

最佳移植期

当植物基部的幼苗达到其高度的一半时，应使用锋利的嫁接刀将它们分开。

> 当插穗恢复生长，翌年秋天就将植株移植到更大的花盆中栽种。

1

蜻蜓凤梨开花期间，若每周至少浇两次水，则宜于将植物种植在由泥炭土和腐殖土各半的混合基质里。此种植物只开花一次，随即死亡。自然的扦插繁殖是确保其生存的唯一方法。

2

将幼苗基部刚好埋入装有泥炭土（1/5），普通腐殖土（2/5）和河沙（2/5）混合基质的花盆里。放置在温暖的地方（最佳温度20～25℃）。

芒毛苣苔吊兰

Aeschynanthus

茎插

最佳扦插期 ▼

| 1 | 2 | 3 | 4 | 5 | 6 | 7 | 8 | 9 | 10 | 11 | 12 |

芒毛苣苔吊兰宜种植在由等量灌木腐蚀土、腐殖土和泥炭土混合的培育基质中，保持高湿度的环境（用非钙质硬水定期喷洒）。扦插是保持其优良特性且大量繁殖的唯一途径。

春季，剪取10～15厘米长的枝条顶梢作为插穗。

摘除大部分的叶片，仅保留顶生叶片。

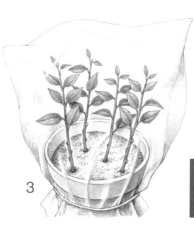

将插穗扦插入盆，每盆栽种5～6根插穗，插入河沙和泥炭土各半的混合基质里。罩上透明塑料袋并放置在加热的迷你温室内培育（最佳温度25℃）。

3周之后，取下塑料袋，不用过多浇水，仅需防止土壤变干而浇少量水。

★

紫花藿香蓟

Ageratum houstonianum

茎插

最佳扦插期 ▼

| 1 | 2 | 3 | 4 | 5 | 6 | 7 | 8 | 9 | 10 | 11 | 12 |

▲ 最佳移植期

秋季，剪取未开花的茎秆顶梢，将其截成5～10厘米的长度作为插穗。摘除所有叶片，仅保留最高处的4片真叶。

1

将插穗扦插入迷你温室或暖和的温床内（最佳温度18℃），植入泥炭土和河沙各半的混合基质里。

2

3

大约2～3周后，插穗生根（新叶出现）。将插穗换盆到普通腐殖土中。用指甲掐取几厘米长的茎秆尖端。

整个冬季放置在温室或温暖的玻璃房里（温度宜为15℃）养护。适度浇水并定期切去茎秆顶梢几厘米，促其萌发新枝。

这种夏季的花卉被认为是一年生植物，但在其原产地（墨西哥）则是两年生的植物。藿香蓟在秋季扦插，春季开始即可更好萌发新枝，花期提前，花多色艳，更加美丽壮观。

翌年春季，在5月份，可将紫花藿香蓟植株种植到花园沿边处，每株相隔15～30厘米。

绒叶粗肋草

Aglaonema pictum

茎插

最佳扦插期：全年

| 1 | 2 | 3 | 4 | 5 | 6 | 7 | 8 | 9 | 10 | 11 | 12 |

最佳移植期：8周之后

绒叶粗肋草是一种适应性强、生性强健的植物，即使在北方室外也可栽种。此种植物喜空气湿度高的环境，夏季需定期浇水并在叶面频繁喷雾。扦插是该品种繁殖的唯一途径。

全年可剪取8～10厘米长的茎秆顶梢作为插穗。摘除1或2片叶子，仅保留顶生叶片。

也可使用茎段进行扦插繁殖（见90页）。

将插穗扦插入盆，栽种到泥炭土基质里。放置在光线充足且暖和的场所（最低温度16℃）。大约6～8周后，插穗生根；将插穗换盆到泥炭土和普通腐殖土各半的混合基质里。

柑橘属植物

Citrus

茎插

最佳扦插期

| 1 | 2 | 3 | 4 | 5 | 6 | 7 | 8 | 9 | 10 | 11 | 12 |

最佳移植期

1 初秋，从略硬的（半木质化的）茎秆上剪取大约15厘米长的枝条顶梢作为插穗。摘除顶生叶片以外的所有叶片。

将插穗基部伸入生根粉末中，蘸取少许，以覆盖切口表面。

3 将插穗扦插入腐殖土和泥炭土各半的混合基质中，放置在加热的迷你温室内（最佳温度18℃）。

在法国卢瓦河流域以北地区，箱装培育柑橘以避免冬季冻害；除蓝色海岸以外的地方，柑橘属植株均不具广适性。虽然可用嫁接技术繁殖，但唯有通过扦插才能得到具有相同特性的植株，尤其是针对可以产果的品种，以扦插方式繁殖效果更好。

春季，将生根的插穗栽种到花园或花盆里的轻质土壤中。

让插穗自由生长1年。翌年春季（在3月份）开始修剪枝条。

★★★

荆豆

Ulex europaeus L.

茎插

最佳扦插期 ▼

1　2　**3　4**　5　**6**　7　8　9　10　11　12

▲
最佳移植期

荆豆，多刺常绿植物，喜沙性壤土，甚至是酸性土质，喜光。它的花朵为金黄色，常在4月下旬开花，偶尔在秋季。扦插繁殖可以低成本营造一道安全性高、无法跨越的树篱。

开花后，于6月份选取当年生并已硬化的枝条（半成熟枝），剪取8～10厘米长的枝条顶梢作为插穗。

1

2

摘除所有花朵。

3

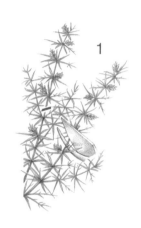

将插穗扦插入河沙(2/3)和泥炭土(1/3)制成的混合基质里，植入温床内（最低温度：夏季和秋季15～18℃，冬季1～5℃）。

4

翌年春季，将生根的插穗栽种到最终的位置。

移栽入园的第二年，于3月份大幅度剪短所有分枝。随后，让灌木自然生长。

木通

Akebia quinata

茎插

最佳扦插期

| 1 | 2 | 3 | 4 | 5 | 6 | 7 | 8 | 9 | 10 | 11 | 12 |

最佳移植期

夏初，剪取新生（春季开始生长）、但已硬化的茎秆顶梢，将其截成15～20厘米长的插穗。摘除基部所有叶片，仅保留顶生的2～3片叶子。

将插穗扦插入河沙和泥炭土各半的混合基质中，放置在暖和的场所，如阳光充足的花园墙根处。秋季置于室内（最佳温度20℃。）

种植时，将插穗新生的嫩枝牢固地绑在支撑物上。随后，嫩枝将缠绕着支架攀缘上升。

翌年春季，将生根的插穗种植入园。自栽种开始，为其搭立支架以利蔓茎攀缘生长。

木通可在阳光充足的环境下，在排水良好的肥沃土壤中茁壮成长。压条和扦插是繁殖木通的两种常用方法。其中扦插法能以更快的速度培育出大量幼苗。

★★★

木槿

Hibiscus syriacus L.

茎插

最佳扦插期

| 1 | 2 | 3 | 4 | 5 | 6 | 7 | 8 | 9 | 10 | 11 | 12 |

▲
最佳移植期

木槿是一种环境适应性强的灌木花种：在背风向阳处以及肥沃土壤（如堆肥覆盖）中生长，每年它的花期很长，从8月份开始的盛花期一直持续到霜冻。扦插繁育是保持木槿母体优良特性的唯一方法。

1

翌年春季，将生根的插穗埋在花园的遮蔽角落并按此方式栽培2年，随后定植。

春末，在分枝处下方剪取不带花蕾的枝条顶梢，将其截成10～15厘米长，作为插穗。

切去分枝上方的顶端，下切口切成马蹄形，分离出枝条作为插穗。切边在芽附近，切边距离外芽约2～3厘米。摘除大多数叶片，仅保留顶生的3～4片叶子。

2

3

将插穗基部的两个切口面涂抹生根粉。

4

将插穗扦插入盆，植入由等量泥炭土、河沙和腐殖土混合的培育基质中。整个冬季放置在温床内并覆盖透明塑料膜以防脱水。

★

岩生庭荠

Alyssum saxatile

茎插

| | 1 | 2 | 3 | 4 | 5 | 6 | 7 | 8 | 9 | 10 | 11 | 12 |

最佳扦插期 ▼ 8 9

最佳移植期 ▲

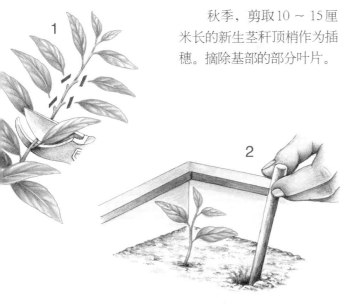

1

2

3

秋季，剪取10～15厘米长的新生茎秆顶梢作为插穗。摘除基部的部分叶片。

将插穗扦插入河沙和泥炭土各半的混合基质中，放置在温床内栽培。培育初期，保持土壤湿润并注意遮阴，避免阳光直射。冬季使用稻草或塑料气泡膜填塞温床缝隙（最佳温度约10℃）。

> 可将未生根的插穗直接种植到位，但必须定期浇水以保持生根期间土壤湿润。

翌年春季，将生根的插穗栽种入园。

在阳光充足、土质疏松且排水良好的环境下，庭荠于春季形成一片片金黄色的花海。扦插繁殖可培育出大量的幼苗，远远多于秋季分株繁殖培育的数量。

菠萝

Ananas comosus

茎插

最佳扦插期

1　2　3　4　5　6　7　8　9　10　11　12

菠萝喜温暖（22℃）、湿润的环境，喜轻质酸性土壤（泥炭土、松树皮和灌木腐叶土的混合物）。菠萝繁殖主要是依靠冠芽部分，可从新鲜菠萝的莲座状叶丛中获取插穗。

春季，选取新鲜菠萝，切下果实顶部的冠芽，保留部分底部组织——2～3厘米的果实。

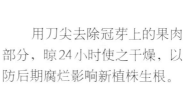

用刀尖去除冠芽上的果肉部分，晾24小时使之干燥，以防后期腐烂影响新植株生根。

将插穗扦插入盆，浅埋入泥炭土和河沙各半的培养基质中。放置在花园阴凉角落处，盖上玻璃罩等待生根。

大约1个月后，当莲座状叶丛中心部分长出新叶，插穗即生根。

也可选取盆栽菠萝底部的幼芽，同时期以同样的方式（在玻璃罩下）使其生根。

春黄菊

Anthemis tinctoria L.

茎插

最佳扦插期

| 1 | 2 | 3 | 4 | 5 | 6 | 7 | 8 | 9 | 10 | 11 | 12 |

最佳移植期

1

夏末,剪取植株上未开花的顶梢,截成8～10厘米长度作为插穗。摘除基部部分叶片。

2

将插穗扦插入腐叶土和河沙各半的混合基质中,使用育苗箱育苗。整个冬季放置在冷凉的室内(最佳温度15℃)。待新叶长出后,剪去插穗尖端以促生分枝。

3

早春,将新植株移植到装有普通腐殖土的花盆中并放置在户外养护(温床内)。

等到5月份将其栽种到花园的花坛里。

在法国卢瓦河流域以北相对严寒的地区,春黄菊不具有广适性,其花期从5月持续至9月。该植物适于栽种在阳光充足的花坛或花盆里。春季可通过分株法繁殖。但是扦插繁殖能在短时间内培育出更多的新幼苗。

单药爵床属植物

Aphelandra

茎插

| 最佳扦插期 |
| 1 | 2 | 3 | 4 | 5 | 6 | 7 | 8 | 9 | 10 | 11 | 12 |

最佳移植期

　　在光线充足，湿度适宜以及基质疏松肥沃的环境下，单药爵床属植物常在夏末定期开花。扦插是繁殖该植物的唯一方法。

1

3

　　夏季，剪取未开花的新生枝条，将其截成5～8厘米长的插穗。

2

　　摘除基部叶片以控制叶片蒸腾而导致的水分流失。

　　将插穗扦插入盆，植入灌木腐叶土和河沙各半的混合基质中。浇水并罩上透明塑料袋栽培3～4周。

　　插穗在3～4周内生根。随后，将其换盆到腐叶土（1/3）和泥炭土（2/3）混合的培育基质中。

高加索南芥

Arabis caucasica

茎插

最佳扦插期

| 1 | 2 | 3 | 4 | 5 | 6 | 7 | 8 | 9 | 10 | 11 | 12 |

7月，剪取花期后生长的新生茎秆顶梢，将其截成大约5厘米长的插穗。

使用嫁接刀剪除枝条上的大多数叶片，仅保留顶生的3或4片叶子。

将插穗直接定植，加入少量河沙以局部改善土壤物理结构、增加土壤排水通气性。在往下几周的时间内需始终保持土壤湿润。

这种可用于装饰的小植株在每年的3—4月被白色的花朵覆盖。它喜生长于既不太湿又不太肥沃的土质里。通过扦插，可快速培育出大量的植物幼苗，适用于园林绿化，例如覆盖路堤或装饰路面。

翌年春季，您将享受到插穗首次开花带来的乐趣。

八角金盘

Fatsia japonica

茎插

最佳扦插期 ▼

| 1 | 2 | 3 | 4 | 5 | 6 | 7 | 8 | 9 | 10 | 11 | 12 |

▲ 最佳移植期

这种宜生活在室内的植物可于夏季放在户外阴凉处种植。扦插法是繁殖八角金盘植物最容易的繁殖办法。当然，也可使用气生压条法，但有一定风险，成功率不能保证百分之百。

1

春季，从新生的顶枝上采集7～10厘米长的枝条作为插穗。

2

摘除插穗基部处的大叶片，仅保留顶端的2～3片叶子。

将插穗扦插入泥炭土和河沙各半的混合基质中，放置在迷你温室内（最佳温度16～21℃）。放在光线充足的地方养护。

4

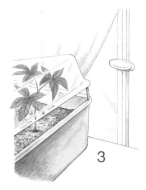

3

大约6～8周之后，将生根的插穗换盆到由等量的腐叶土、普通腐殖土和泥炭土混合的培育基质中。

移盆两周之后，给新植株定期施加液体肥直至9月份，以促植物快速生长。

孔雀木

Dizygotheca elegantissima

茎插

最佳扦插期 ▼

| 1 | 2 | 3 | 4 | 5 | 6 | 7 | 8 | 9 | 10 | 11 | 12 |

▲ 最佳移植期

　　春季，剪取已硬化的茎秆顶梢，将其截成十几厘米的长度作为插穗。摘除大多数叶片，仅保留顶生的2～3片叶子。

> 每盆插入3～4根生根的插穗，以促使新植株更加茂密；孔雀木植物不分枝。

　　将插穗插入灌木腐叶土和河沙各半的混合基质中。给花盆加套透明塑料袋并放置在暖气片上方的隔板上培育（土壤最佳温度25℃）。

2

　　孔雀木在夏季需要搁放于光线明亮处甚至是阳光充足的地方；在冬季，可适当给予补充光照。可使用播种法或扦插法繁育该植物。扦插法繁殖成功率更高。

　　大约6～8周后，将生根的新插穗换盆到由等量腐叶土、泥炭土和普通腐殖土混合的培育基质中。

3

异叶南洋杉

Araucaria excelsa heterophylla

茎插

最佳扦插期									最佳扦插期		
1	2	3	4	5	6	7	8	9	10	11	12

　　南洋杉喜欢凉爽湿润的气候，夏季室内盆栽养护需勤浇水。夏季需避免阳光直射：如果在户外种植，可种在树下。对于南洋杉来说，扦插繁殖是最可靠的繁殖方法，而播种繁殖是有风险的。

1

　　将插穗扦插入灌木腐叶土和河沙配成的混合土壤中（约1：3），避免插穗埋入基质太深。用拉菲草绳绕树枝一圈，促使树枝朝树干方向靠拢。使用透明塑料袋罩上整棵植株。放置在光线充足且温暖的房间内（土壤最佳温度：12～15℃）。

> 不要使用侧枝作南洋杉插穗：侧枝作为插穗只会长出变形的植株。

　　秋季或冬季，在距离南洋杉顶端30厘米处剪取植株尖梢作为插穗。

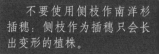

2

3

　　翌年春季，把植株放至室外，植株会逐渐适应户外生长。

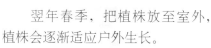

★★★★

岩梨

Epigaea repens

茎插

最佳扦插期 ▼

1　2　3　4　5　6　7　8　9　10　11　12

▲
最佳移植期

秋季，在分枝处下方，剪取一些坚硬的、既未开花又未结果的（如有可能）枝条。摘除基部叶片，在距离枝杈几厘米处切除树枝的上半部。仅在其基部保留2～3厘米的主枝部分（插条）。

将采集好的插穗插入河沙和泥炭土配制的基质中，放置在温床内。冬季应注意加盖促栽培的塑膜，做好保温工作。

翌年春季，将生根的插穗换盆到腐叶土和普通腐殖土各半的混合基质中。

岩梨喜排水良好的土壤，甚至是多石的壤土，喜阳光。栽种该植物最好选在避风处，尤其在法国卢瓦河以北区域，因为在该区域具有广适性。扦插是最忠实于母株特性的繁殖方法。

换盆后1年，将岩梨新植株栽种到最终的位置。因生根困难需多次采集插穗以保证成活率。

大叶醉鱼草

Buddleia davidii

茎插

最佳扦插期 ▼

| 1 | 2 | **3** | 4 | 5 | 6 | **7** | 8 | 9 | 10 | 11 | 12 |

▲
最佳移植期

大叶醉鱼草是一种生长非常迅速的灌木，夏季开花，花儿美丽且芳香，只要给予充足的阳光，可在各种类型的土壤中生长。大叶醉鱼草多采用扦插法繁殖，操作简便且成功率高：通过扦插繁殖，可营造一道野生的开花树篱。

夏季，剪取已经硬化的（半熟枝）枝条顶梢，将其截成十几厘米的长度作为插穗。除顶生的最小叶片之外，摘除基部叶片并切去其余叶片的1/3面积。

1

2

将插穗扦插入河沙和泥炭土各半的混合基质中。应适当遮阴并定期浇水以保持土壤湿润。冬季，加盖促栽培的塑膜或放置在可移动的温床内进行防寒保护。

翌年春季，将新植株换盆到黏质土壤中种植（含盆栽玫瑰用土），整个夏季放置在阳光下。第二年冬季将新生的灌木栽种到最终的位置进行定植。

3

若在第一个春季定植插穗，植株可能生长得不够旺盛，当年不会开花，将在扦插后的第二个夏季首次开花。

黄栌

★★★

Cotinus coggygria scop.

晚春，在新生枝的下方处采集枝条，剪取约10厘米长的侧枝顶梢。摘除基部叶片并在距离分枝几厘米处切除枝条的上半部，仅在其基部处保留2～3厘米的主枝部分（插条）。

黄栌性喜光，宜植于不太肥沃的壤土中，甚至是钙质土壤。相比于压条法，扦插繁殖是最为快速且最容易操作的繁殖方法。

将插条伸入生根粉末中，蘸取少许以促生根。

将插穗扦插入由等量泥炭土和河沙填充的温床里，并用塑料袋罩上每根插穗。9月，将生根的插穗移植到普通腐殖土中，始终置于温床内。插穗将在此度过整个冬季。

春季，将插穗换盆到普通腐殖土里。幼苗几乎完全埋入土中。在种植入园前，按照此方式栽培1～2年。

在扦插后的第一个春天，可直接将生根的插穗定植于土壤中，但新植株的生长活力会有所欠缺。

蒿属植株

Artemisia L.

茎插

最佳扦插期 ▼

| 1 | 2 | 3 | 4 | 5 | 6 | 7 | 8 | 9 | 10 | 11 | 12 |

▲
最佳移植期

蒿属植物喜干燥、排水良好的土壤，喜温暖的环境。适宜在春季将其种植在冬季湿润的地区。繁殖蒿属植物通常采取分株法（见第9页），但是如果需要培育大量的植株布置花坛，那么扦插繁殖是更为合适的繁殖方法。

1

将插穗扦插入河沙和泥炭土各半的混合基质中，放置在迷你温室内。浇水并盖上顶盖。冬季，将迷你温室放在光线充足且凉爽的房间内（最佳温度15℃）。保持土壤湿润。

建议多次多量采集插穗，因为每次生根的成功率不是百分之百。

晚春，剪取季初生长的、依旧柔韧的新生枝条，将其截成约8厘米长的插穗。摘除部分基部叶片。

2

3

翌年春季，切下茎秆尖端几厘米（可掐取），随后换盆到腐叶土和泥炭土各半的混合基质中。

紫菀

Aster tataricus

茎插

最佳扦插期

| 1 | 2 | 3 | 4 | 5 | 6 | 7 | 8 | 9 | 10 | 11 | 12 |

最佳移植期

1 春季，采集柔软、最好不带芽的新生枝条，将其截成5～8厘米长的插穗。

2 摘除基部的部分叶片以限制叶片蒸腾导致的水分流失。

紫菀可适应各种类型的土壤，根据品种的不同，其花期可从春季持续到秋季且到处开花。紫菀繁殖可采取分株法，若想培育出大量的幼苗，扦插是唯一的繁殖方法。扦插繁殖操作简单且成功率高，值得推荐。

3 将插穗扦插入迷你温室内，植入由等量河沙、泥炭土和腐殖土混合的培育基质中。保持顶盖关闭以保持湿度。

4 翌年春季，将植株移栽到装有腐叶土、河沙和腐殖土的花盆里。通常也可直接定植到位，但新植株的生长速度将会减缓。

与分株繁殖相比，扦插繁殖的紫菀生长力不够旺盛，通常在前两三年内不会开花。

★★★

南庭荠

Aubrieta

茎插

最佳扦插期 ▼

| 1 | 2 | 3 | 4 | 5 | 6 | 7 | 8 | 9 | 10 | 11 | 12 |

▲ 最佳移植期

南庭荠喜阳光，喜排水能力较好的基质。可生长于巷子里的石板、墙壁或岩石裂缝间。春季花期过后，需严格把控枝条修剪，以便插穗采集。

春季，花期过后，采集未开花的茎秆顶梢，将其截成大约5厘米长度，以此作为插穗。摘除基部的部分叶片。

将插穗扦插入盆，植入河沙和泥炭土各半的混合基质中。浇透水后，罩上透明塑料袋。注意稍微遮阴防晒。

在秋季，将生根的插穗栽种到花园的最终位置。

只有种植入园后的第二个春季，南庭荠才会开花茂密。

青木

Aucuba japonica

茎插

最佳扦插期

1 2 3 | 4 5 | 6 7 | 8 9 | 10 11 12

最佳移植期

1

夏末，剪取8～10厘米长的茎秆顶梢。摘除基部叶片，除顶生小叶片以外的其余叶片需剪掉一半面积以减少蒸腾。

2

将插穗扦插入盆，植入腐殖土（1/4）、泥炭土（1/4）和河沙（1/2）混合的培育基质中。放置在迷你温室内（最佳温度18～20℃），盖上顶盖，放在花园的阴凉场所。冬天，将迷你温室移入室内，放在凉爽且明亮的房间内（最佳温度12～15℃）。浇水以保持土壤湿润。

青木是一种常绿灌木，生长强健，管理粗放，可栽种在任何土质的花园中。其园艺变种则不耐强日照，需适当遮阴。扦插是保留母株优良特性的唯一繁殖途径。

翌年春季，在没有霜冻发生的情况下，可直接将植株栽种在花园里。

★★★

桤木属植物

乔木

Alnus

茎插

最佳扦插期 ▼

| 1 | 2 | 3 | 4 | 5 | 6 | 7 | 8 | 9 | 10 | 11 | 12 |

▲ 最佳移植期

　　由于其特殊的根系部（具有根瘤或菌根），桤木属植物固氮能力强，可利用空气中的氮增加土壤肥力实现自给自足。即使在最贫瘠的土壤，甚至是沼泽中，桤木属植物也可茂盛生长。人们通常采取播种法和扦插法繁殖桤木。然而，扦插法依然是最为迅速的繁殖方法。

1

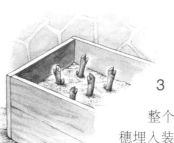

3

　　秋季，植株落叶后，剪取生长健壮、直径同铅笔粗细的枝条，将其截成10～15厘米长的插穗。

　　切去尖梢，仅保留4～5个已成形的嫩芽。

2

　　整个冬季，将采集好的插穗埋入装满河沙的箱子里，储存在无霜冻的地方。埋入基质深度是插穗长度的2/3。

　　在春季，将植株栽种到加有河沙或泥炭土的土壤中，至少将2个嫩芽露于土壤之外。整个夏季应定期浇水。

　　桤木属植物生长迅速。在种植入园后，应让其自由生长。

4

杜鹃花属植物

Rhododendron L.

茎插

| | 1 | 2 | 3 | 4 | 5 | 6 | 7 | 8 | 9 | 10 | 11 | 12 |

最佳扦插期 ▼

最佳移植期 ▲

1 在夏末，剪取十几厘米长的细侧枝作为插穗。摘除所有叶片，仅保留顶端4片小叶。使用嫁接刀去掉基部处的一块表皮。

将剪切的插穗末端伸入生根粉末中：生根粉末应覆盖去皮部分。

2

将插穗扦插入装满泥炭土的花盆里，放置在加温的迷你温室内（20 ~ 25℃）。浇足水并保持顶盖关闭。

3

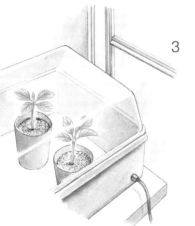

杜鹃花属植物喜酸性（pH4 ~ 4.5）、排水良好的土壤。喜光，但浇水需充分。通常，杜鹃花压条繁殖是常用的繁殖方法，但是过程较为缓慢（有时需要1年甚至是18个月时间生根）。相比之下，操作难度略大的扦插繁殖却能够以更快的速度获得大量的幼苗。

3个月后，插穗一旦长出新叶，就将其换盆到灌木腐叶土中。翌年春季栽种入园。4 ~ 5年后，植株将首次开花。

鱼鳔槐

Colutea arborescens L.

茎插

最佳扦插期
▼

| 1 | 2 | 3 | 4 | 5 | 6 | 7 | 8 | 9 | 10 | 11 | 12 |

▲
最佳移植期

　　鱼鳔槐具有广适性，喜微酸性土壤，在半遮阴的环境下可生长得十分旺盛。春季开花，花冠呈黄色，7月起进入结果期，荚果呈淡绿色且形态肿胀。尽管繁殖鱼鳔槐可用播种法，但相比之下，扦插法是最为快速的繁殖方法。此外，这种方法可以原样复制母本植株，保留优良特性。

　　在一个分枝的开始处剪取一些非常坚硬、未开花且直径较小的树枝。摘除基部叶片以及位于枝杈上方处的树枝。在其基部留下2～3厘米长的主枝部分（插条）。

1

　　将插穗扦插入河沙和泥炭土各半的混合基质中，放置在迷你温室内。夏季将温室存放在室外，冬季放在凉爽的室内（最佳温度15℃）。

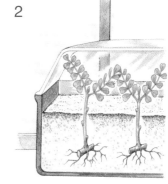

2

3

　　翌年春季，将插穗栽种到普通腐殖土中，放置在花园的荫蔽场所。

　　在即将到来的秋季，落叶期过后，就将新灌木定植到最终需要栽种的地方。

青篱竹属、刚竹属植物

Arundinaria, Phyllostachys

根插

最佳扦插期

| 1 | 2 | 3 | 4 | 5 | 6 | 7 | 8 | 9 | 10 | 11 | 12 |

最佳移植期

小心翼翼地刮去青篱竹属、刚竹属植物根部四周的土壤，挖取一段根茎。寻找成形的鞭芽，切取一段至少包含3个鞭芽的根茎作为插穗。

1

青篱竹属、刚竹属植物生长迅速，竹叶四季青翠使它们成为树篱和植物屏障的首选。扦插法和分株法是两种最常见的繁殖方法。其中，第一种扦插繁殖的优势在于可通过埋鞭育苗获得大量的嫩竹，可以较低成本快速地构造一道天然屏障。

将鞭段叶芽朝上，平置于等量泥炭土和河沙制成的，且有15～20厘米深度的混合基质中。

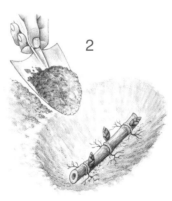

2

3

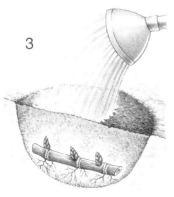

大量浇水直至长出新芽，这是插穗生根的标志。

扦插生根的竹子，宜在每年春天的3—4月，移植到花园里的最终位置。

酒瓶兰

Beaucarn recurvata

叶插

最佳扦插期

1　2　3　4　5　6　7　8　9　10　11　12

最佳移植期

酒瓶兰，也叫象腿树，具有膨大的茎干可以储存水分：因此浇水宁少不宜多。在冬季，它性喜微凉爽的环境（8℃左右），应完全停止浇水。扦插法是酒瓶兰繁殖的唯一方法。

使用锋利的嫁接刀从膨大的茎干上剪取一小簇带茎干的叶子。

1

2

将这个莲座叶丛植入泥炭土（1/3）和河沙（2/3）配制的混合基质中。将插穗的整个基部埋入基质里。放置在暖气片或加热电阻器上养护（土壤最佳温度25℃）。

1～2个月后，一旦新叶长出就将插穗换盆：插穗已生根。

蟆叶秋海棠

Begonia rex

叶插

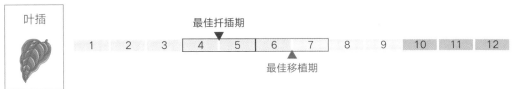

最佳扦插期

| 1 | 2 | 3 | 4 | 5 | 6 | 7 | 8 | 9 | 10 | 11 | 12 |

最佳移植期

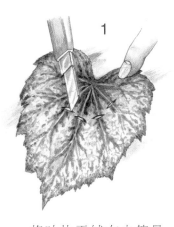

春季，剪取健壮成熟的健康叶片，使用酒精消毒，用锋利的刀片在叶背主脉分枝处划几个切口。

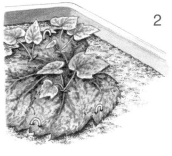

将叶片平铺在由等量泥炭和河沙配制而成的混合基质上，叶面朝上。用"N"字形铁丝把叶片扣紧于沙面上，以保证叶背主脉的刻伤部位与沙面紧密结合。将插穗放置在暖和的地方（最佳温度16～20℃），避免暴晒。保持土壤湿润。胚芽将从叶脉切口部生出。

室内养殖蟆叶秋海棠，为促其生长旺盛，需要提供湿润及温暖（最低18℃）的环境。扦插法是唯一再现植株叶色绚丽的繁殖方法。

3

这些胚芽将在1个月后发育好并且可与"母叶"分离。将它们种植在花盆中，置于由等量灌木叶腐殖土、普通腐殖土和泥炭土混合的培育基质里。

在良好的环境下，一年之内将获得一株大小适中的植物。

大花海棠

Begonia grandis

茎插

最佳扦插期 ▼

| 1 | 2 | 3 | 4 | 5 | 6 | 7 | 8 | 9 | 10 | 11 | 12 |

▲ 最佳移植期

　　这种秋海棠在温暖（18℃）、通风性差、光线充足的环境中生长迅速，开花繁盛。休眠期间，喜略凉爽的环境（12～15℃）。采用扦插法是唯一能够保留母株叶片及花朵相同特征的繁殖方式。

1

　　早春，剪取6～8厘米长的新生枝条作为插穗。摘除基部叶片。

　　将插穗扦插入河沙和泥炭土各半的混合基质中。放置在温暖的室内（最佳温度18～20℃），保持土壤湿润直至长出新叶，冒出新叶是插穗成功生根的标志。

2

　　1个月之后，可将生根的插穗换盆到灌木腐殖土（1/3）、普通腐殖土（1/3）和泥炭土（1/3）混合的培育基质中。

球根秋海棠

Begonia tuberhybrida

茎插

最佳扦插期

| 1 | 2 | 3 | 4 | 5 | 6 | 7 | 8 | 9 | 10 | 11 | 12 |

最佳移植期

1月，将块茎埋入湿河沙和湿泥炭各半的混合基质中，扦插不宜过深，以块茎表面微露出基质表面为宜。先放置在凉爽的房间内（12℃），后续可逐渐升温至20℃。

15～20天后，块茎萌芽。幼芽一旦长出2～3片叶子，就用嫁接刀将它们分开，同时保留小部分块茎（呈踵状）。栽种到灌木腐殖土和河沙各半的混合基质中，并放置在迷你温室内。存放在温暖且光线充足的房间（18℃）内，顶盖关闭保证温度恒定。

球根秋海棠喜局部遮阴和轻质土壤，如腐殖土中加入1/3的泥炭土。扦插繁殖可借助单个块茎快速培育大量植株。

5月，一旦植株显示出生长的迹象就将其栽种入盆。

从夏季开始，您将拥有一盆盆开花茂密的植株。

粉叶小檗

Berberis pruinosa

茎插

1　2　**3**　4　5　6　7　8　**9**　10　11　12

▲
最佳移植期

最佳扦插期
▼

粉叶小檗可在排水良好的土质中茁壮成长，但在夏季土壤不宜过干；夏末，在阳光下，浆果缀满枝头。扦插繁殖是重现母株特征的唯一方法。

9月剪取10厘米长非常坚硬（成熟枝）的枝条顶梢作为插穗。去除叶片和茎刺，保持顶芽的完整。

也可在6月份选取落叶或半常绿小檗软枝作为插穗，以相同的方式进行扦插繁殖。

将插穗基部伸入生根粉末中以促生根。扦插入泥炭土和河沙配制的混合基质中，并放置在温床内。整个冬天按照此方式养护。

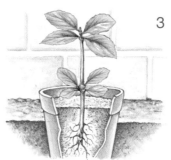

在春季，将生根插穗换盆到河沙（1/4）、泥炭土（1/4）和腐叶土（1/2）混合的培育基质中。盆内栽培直至翌年春季，随后定植。

紫葳

Campsis grandiflora

茎插

最佳扦插期
▼

| 1 | 2 | 3 | 4 | 5 | 6 | 7 | 8 | 9 | 10 | 11 | 12 |

▲
最佳移植期

1

夏季，剪取新生（一年生）枝条顶梢，将其截成8～10厘米长作为插穗。摘除基部部分叶片。

将插穗扦插入沙壤中，罩上透明塑料袋并存放在温暖的地方（最佳温度18～20℃）。保持河沙湿润，但不能湿透。一旦插穗生出新叶，就逐渐揭开覆盖的塑料袋。

2

贴墙或搭棚架栽植，紫葳在光照充足且土质肥沃的环境下生长旺盛、开花繁茂。尽管操作过程存在一定难度，但扦插法仍然是培育紫葳最为快速的繁殖方法。

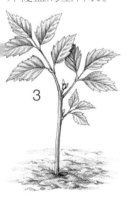

3

冬季，放置在温室或凉爽的房间内（最佳温度10～12℃）。只能在翌年春季栽种入园。

露天种植时，去除弱枝。

九重葛

Bougainvillea spectabilis

茎插

最佳扦插期 ▼

| 1 | 2 | 3 | 4 | 5 | 6 | 7 | 8 | 9 | 10 | 11 | 12 |

▲
最佳移植期

九重葛在法国卢瓦尔河流域以南地区露天生长。若在其他地方，应将其种植在花盆中并放置在玻璃房里养护过冬。如果在气候温和的地区，可使用压条法繁殖，相比之下，扦插法是一种可在任何地方快速繁殖的方法。

1

秋季，剪取 15 ～ 20 厘米长的茎秆顶梢（一年生）作为插穗。摘除基部叶片。

2

将插穗切面覆盖一层薄薄的生根粉末。

3

将插穗扦插入填满河沙的加热迷你温室内（土壤最佳温度 25℃）。关闭顶盖并保持河沙持久湿润。

翌年春季，幼芽生出。随后将新植株栽种在花园或花盆里。

欧石楠

Erica

最佳扦插期 ▼

1 　 2 　 3 　 4 　 5 　 6 　 **7** 　 8 　 9 　 10 　 11 　 12

1

夏季，选取新生枝条（5～8厘米长）作为插穗，在采集插穗时向下掰取以保留一部分的主枝表皮（呈踵状）。

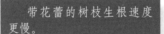

带花蕾的树枝生根速度更慢。

2

绝大部分的欧石楠品种喜酸性土壤和阳光。在春季可采取压条法繁殖，若大规模繁殖该品种植株适合采取扦插法。

将插穗扦插入等量河沙、泥炭土和灌木腐叶土混合的培育基质中，并罩上透明塑料薄膜。3周后，慢慢移除塑料膜并定期浇水。天热需遮阴防止暴晒。

黄杨属植物

Buxus

茎插

最佳扦插期

| 1 | 2 | 3 | 4 | 5 | 6 | 7 | 8 | 9 | 10 | 11 | 12 |

最佳移植期

黄杨对土质没有特殊要求，在阳光或微遮阴的环境下生长繁茂。耐修剪，易成型。扦插法是唯一能够大规模复制母株的繁殖方法，适用于园林绿化，例如花坛镶边。

在出现任何春季生长迹象之前，剪取6～8厘米长的枝条顶梢作为插穗。摘除大部分叶片并切去茎秆的顶生部分。

将插穗扦插入盆，植入由等量河沙、泥炭土和腐叶土配制的混合基质中。浇水以保持土壤湿润，切勿过量。整个夏季放在阴凉的地方养护。小盆培育2年之后，可栽种入园。

从第一年开始，在5—6月份生长期随时剪去影响树形美观的多余枝条。将当年生的新梢（最稀疏的树林）长度至少缩短1/3。

蟹爪兰

Zygocactus truncatus

茎插

最佳扦插期
▼

| 1 | 2 | 3 | 4 | 5 | 6 | 7 | 8 | 9 | 10 | 11 | 12 |

1

早春，植株恢复生长之前，从蟹爪兰上剪取含有4段节的茎秆顶梢。

2

将剪取的枝条放在阴凉处静置干燥几小时。

蟹爪兰开花旺盛期需多浇水。但在其余时间要少浇水。入夏后，只要天气允许，应转移到户外的遮阴处养护。扦插繁殖蟹爪兰可以轻松实现一盆变多盆，盆盆爆满。

3

每盆至少栽种3根插穗以快速获得漂亮的植株。

将插穗扦插入装满河沙（3/4）和泥炭土（1/4）的花盆里，至少将1段茎节埋进混合基质中。

仙人掌

Opunita dillenii

茎插

最佳扦插期

| 1 | 2 | 3 | 4 | 5 | 6 | 7 | 8 | 9 | 10 | 11 | 12 |

最佳移植期

仙人掌在地中海沿岸地区像杂草一样生长，在其他地区常于室内盆中栽培。可采用播种法繁殖，但成功率并非百分之百。相比之下，扦插法因其成功率高且可再现母株优良特性，被视为最佳繁殖法。

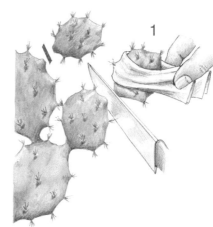

1

春季，剪取仙人掌顶梢茎块（6～10厘米长）。使用折叠成条状的布料包裹处理，避免扎伤。

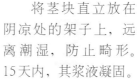

2

将茎块直立放在阴凉处的架子上，远离潮湿，防止畸形。15天内，其浆液凝固。

3

切口干燥时即可扦插。将茎块插入湿润的沙中栽培，基部浅埋入基质中。

大约2个月后，仙人掌的插穗将生根。随即像母株一样栽培养护。

紫珠属植物

Callicarpa L.

夏季，在新生枝下方处剪取8 ~ 10厘米长的枝条顶梢作为插穗。摘除部分叶片，并在距离分枝几厘米处切除枝条的上半部。因此，在其基部保留2 ~ 3厘米的主枝部分（插条）。

将插穗插入泥炭土和河沙各半的混合基质中。放置在室内靠近向北窗的地方（最佳温度为18 ~ 20℃）。顶盖关闭，保持土壤湿润。

一旦插穗长出新叶，就换盆到腐叶土和腐殖土各半的混合基质中。

紫珠株形秀丽，花色绚丽，果实色彩鲜艳，珠圆玉润。喜肥沃、排水良好的土壤——在阳光下或半遮阴的环境下都可生长。扦插繁殖紫珠是最快速的繁殖方法。

定植之前，最好盆内栽培1年以促幼苗生长健壮。

★★★★

山茶

Camellia japonica

茎插

最佳扦插期

| 1 | 2 | 3 | 4 | 5 | 6 | 7 | 8 | 9 | 10 | 11 | 12 |

▲
最佳移植期

山茶花喜温和湿润的气候，避风且部分遮阴的地方。它更偏爱于中性土壤。扦插繁殖是最为快速的繁殖方法，通过扦插可快速地拷贝出和母株一模一样的植株。

1

夏季，剪取长有5～片叶的坚硬枝条。修剪梢，使用利刀切成斜口，除部分叶片（至少留3片）

2

将插穗底部的切口面覆盖生根粉末。

3

将插穗扦插入盆，植入泥炭土和河沙各半的混合基质中。放置在迷你温室内（最佳温度15～18℃）。定期喷洒直至生根。

生根过程很漫长：可能需要数周时间。翌年春天栽种入园。

印度榕

Ficus elastica

茎插

| 最佳扦插期 ▼ | |
| 1 | 2 | 3 | 4 | 5 | 6 | 7 | 8 | 9 | 10 | 11 | 12 |

▲
最佳移植期

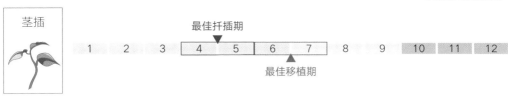

春季，剪取一段长约20厘米的茎秆顶端，最好带5～6片叶子。剪掉基部叶片。

将插穗立即扦插入盆以避免基部切口处白色"乳液"（乳胶）流出，盆中基质由等量泥炭土和河沙配制而成。放置在暖和的地方（最佳温度20～25℃）。叶片卷成筒状并用细绳捆好，避免挤压，经常向枝叶上喷水。

一旦插穗恢复生长，就换盆到由等量灌木腐叶土、腐殖土、泥炭土和河沙混合的培育基质中。

印度榕对光线以及温度的适应性较强，可能是最容易适应环境的室内植物。印度榕的繁殖，通常推荐空中压条的方法（生根过程比较漫长且成功率并非百分之百）。相比之下，生产中多采用茎插繁殖，操作简便、成功率高。

莸属植物

Caryopteris

茎插

最佳扦插期

| 1 | 2 | 3 | 4 | 5 | 6 | 7 | 8 | 9 | 10 | 11 | 12 |

最佳移植期

莸属植物可在任何排水良好的土壤中，以及阳光充足的环境下茁壮生长：其叶子的气味更加浓烈。生产中通常采用扦插繁殖获得大规模的莸属植株，用途较广，例如，可适用于低成本建造一道野生开花的树篱。

夏季，剪取一些新生（当年生）茎秆，将其截成6～8厘米长作为插穗。摘除基部部分叶片并切去茎端。

将插穗扦插入河沙和泥炭土各半的混合基质中，放置在花园的遮蔽角落处。

翌年春季，将新植株换盆到腐殖土（2/3）和腐叶土（1/3）配制的混合基质中。

等待翌年，待其秋天落叶，即可栽种入园。

★

黑加仑

Ribes nigrum

最佳扦插期

茎插

| 1 | 2 | 3 | 4 | 5 | 6 | 7 | 8 | 9 | 10 | 11 | 12 |

在早春生长期之前，剪取若干发育充实、健壮无病虫害的新生茎端。枝条呈浅色且柔软。

将枝条剪切成若干约20厘米长的小段作为插穗。每段至少保留4个发育良好的叶芽。

黑加仑耐受干燥以外的所有土壤。然而，它更喜于柔软、通风且肥沃的土质。忌高温。可采用压条法或扦插法繁殖，以保留母株优良性状。其中扦插繁殖可快速育苗，是黑加仑大面积丰产栽培的主要方式。

将插穗直接栽种在定植的地方，每3根插穗为一组分别插在基坑内的3个支点处，插入轻质土壤中。土表外只留1～2个芽。夏季定期浇水。

翌年2月或3月，通过修剪方式使植株枝繁叶茂，生长平衡。

仙人柱属植物

Cereus

茎插

最佳扦插期
▼

| 1 | 2 | 3 | 4 | 5 | 6 | 7 | 8 | 9 | 10 | 11 | 12 |

▲
最佳移植期

仙人柱属植物生长缓慢，惧多湿环境。喜腐殖土和河沙配制的、排水性能良好的基质。扦插法操作简便，是现有气候条件下繁殖仙人柱植株的唯一繁殖方法；播种法也可行，只是盆栽培育的仙人柱极少开花（并且产生种子）。

春季，剪取长约10厘米的茎秆顶梢作为插穗。

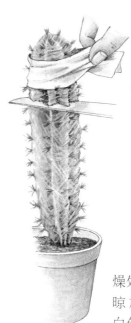

采集插穗时可使用纸带或布条裹住茎节，避免扎伤。

置于阴凉干燥处的搁物架上，晾放7天以促使白色汁液排出。

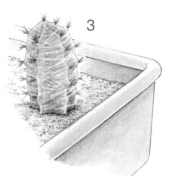

等切口处略有愈合，将插穗插入湿沙中，其基部埋入基质。等到插穗生根（4～6周），再浇水，随后栽种到腐殖土和河沙混合的基质里。

★★★

扁柏属植物

Chamaecyparis

茎插

最佳扦插期 ▼

| 1 | 2 | 3 | 4 | 5 | 6 | 7 | 8 | 9 | 10 | 11 | 12 |

▲
最佳移植期

1

初秋，选取约10厘米长的枝条作为插穗，在其基部保留一部分主枝表皮（呈踵状）。切除下部的分枝。将踵部浸入生根粉末中。

将插穗扦插入河沙和泥炭土各半的混合基质中。整个冬季覆盖玻璃罩培育。

2

扁柏生长速度较快，喜生于不含过多钙质的土壤中，喜阳光。与雪松相比，扁柏的树姿更加优美，但整形修枝的次数略少。扦插繁殖扁柏是操作最为简单、繁殖速度最快的繁殖方法。

3

采集插穗时最好选择直立枝，这样它们会生长得更加直挺向上。

在春季，将植株栽种入盆，并于盆内养护1～2年，随后种植入园。

板栗

Castanea sativa

茎插

最佳扦插期 ▼

| 1 | 2 | 3 | 4 | 5 | 6 | 7 | 8 | 9 | 10 | 11 | 12 |

▲
最佳移植期

板栗树可在几乎任何酸性且贫瘠的土壤中生长。扦插繁殖能够保持栗树品种的优良性状，同时获得大量新砧木。

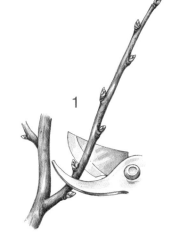

在落叶期后，剪取生长旺盛的枝条顶梢（铅笔粗细），将其截成15～2C厘米长作为插穗。

将切口处蘸上生根粉末，随后将插穗插入湿沙和湿泥炭各半的混合基质中。

春季，一旦叶芽开始萌发生长，就将生根的插穗栽种到酸性轻质土中。

请耐心等待！8～10年将品尝到第一批栗子。

忍冬属植物

Lonicera L.

茎插

最佳扦插期 ▼

| 1 | 2 | 3 | 4 | 5 | 6 | 7 | 8 | 9 | 10 | 11 | 12 |

▲
最佳移植期

在夏季，剪取10～15厘米长的茎秆顶梢作为插穗。摘除基部部分叶片。

将处理好的枝条扦插入湿河沙和湿泥炭各半的混合基质中，直接栽种到您希望它生长的地方或栽种入盆，需要遮阴。翌年春天，剪去主茎几厘米（最多截去嫩枝的1/3）以促分枝。

忍冬属植物易于生根，因此可以采取在水中扦插繁殖的方法。

忍冬属植物喜肥沃、富饶且具有夏季蓄水能力的土壤。在光照充足、适度遮阴的地方栽种，植株花繁叶茂，花色鲜艳。扦插繁殖可快速获得大量的幼苗，以便在没有过多费用的情况下利用忍冬属植物的缠绕能力制作花廊或花架。

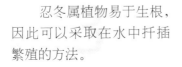

从第1年开始，需要搭建花枝攀缘架促使花枝攀附着支架向上生长。

金银忍冬

Lonicera nitida

金银忍冬易于种植，如同在阳光充足下生长一样，在普通土质及半遮阴的环境下生长茂盛。扦插繁殖能够快速获得大量的幼苗，例如可适用于以低成本建造菜园的绿色树篱。

1

秋季，剪取10～15厘米长坚硬的茎秆顶梢作为插穗。摘去基部部分叶片并切去茎尖部分。

将插穗插入河沙和泥炭土各半的混合基质中，并且存放在迷你温室内（最佳温度18℃）。如有必要，长久遮阴（即使在冬季）。整个冬季，放置在凉爽但是无霜的地方（最佳温度5～10℃）。

2

3

在春季，将新植株栽种到装有轻质土的花盆中并按照此方式栽培1年。

最好在秋季（10月）将植物定植到位。

菊属植物

Dendranthemum

茎插

最佳扦插期

| 1 | 2 | 3 | 4 | 5 | 6 | 7 | 8 | 9 | 10 | 11 | 12 |

最佳移植期

1

整个冬季将植株放置在遮蔽处（最佳温度10℃）春季，剪取5～7厘米长的茎秆顶梢作为插穗。摘取部分基部叶片。

2

将插穗插入泥炭土和河沙各半的混合基质中，置于温床里或是放置在凉爽的室内（最佳温度15℃）。

菊属植物喜轻质肥沃的土壤，但是忌积涝；名贵的品种需种植在避风的地方。春季扦插，翌年秋季即可获得大量的开花新植株。

3

待插穗长出新叶片时就将植株换盆到普通园土中。当插穗上的叶片超过4～5片时，应切去其尖端。在6月，将植株栽种到花坛里，秋季可开花。

栽种后大约15天，随即在8月初，剪去含有3～4片叶的所有枝条以促使开花更加繁茂。

雪叶莲

Senecio cineraria

茎插

最佳扦插期

| 1 | 2 | 3 | 4 | 5 | 6 | 7 | 8 | 9 | 10 | 11 | 12 |

▲最佳移植期

雪叶莲对土质要求不严，如果排水性能良好，土质类型无关紧要。但是，雪叶莲喜欢生长在光照充足的地方，光照强的地方能生长得更好。只有在冬季温和的地区它才具有广适性。在其他地方，冬末扦插可在春季获得大量的幼苗用以装饰花坛。

秋季，剪取6～8厘米长的茎秆顶梢作为插穗。摘去基部叶片。

1

将插穗插入河沙和泥炭土各半的混合基质中，放置在迷你温室内育苗（最佳温度15℃）。

2

翌年春季，将新植株栽种到花坛里。

3

定期剪去茎秆顶端，保留下部分植株。

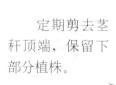

4

春季，也可将冬季保存在花盆中的植株进行扦插。

澳洲白粉藤

Cissus antarctica

茎插

最佳扦插期

| 1 | 2 | 3 | 4 | 5 | 6 | 7 | 8 | 9 | 10 | 11 | 12 |

春季，剪取8～10厘米的茎秆顶梢作为插穗。摘除基部叶片并切去茎尖。

> 每盆栽种4～5根插穗以快速获得一棵生长繁茂的植株。

将插穗插入等量灌木腐殖土、河沙和泥炭土配制的混合基质中。放在室内养护（最佳温度20℃）。

澳洲白粉藤喜适度明亮的光照环境。盆栽宜用普通腐殖土。夏季浇水要充足，每周一次，生长季节每半个月施1次液肥。繁殖白粉藤可用扦插的繁殖方法，为您或您的朋友繁殖出新植株。

新芽长出表示插穗生根，亦可立支架，使其蔓绕支架上生长。

岩蔷薇

Cistus ladanifer L.

茎插

最佳扦插期 ▼

| 1 | 2 | 3 | 4 | 5 | 6 | 7 | 8 | 9 | 10 | 11 | 12 |

最佳移植期

岩蔷薇适于生长在干燥、甚至贫瘠的土壤，但不能过于钙质化。在法国卢瓦尔河流域以北地区，需为其提供一个有遮蔽的环境。繁殖岩蔷薇通常采取扦插法以快速获得许多具有相同品质的其他样本。

将插穗扦插入河沙和泥炭土各半的混合基质中，置于温床内（最佳温度15～20℃）。

夏季，剪取8～10厘米长且不带花的枝条顶梢作为插穗，剪口刚好在每根枝条的分支点下方。摘除基部部分叶片并切去位于侧枝上方的分枝顶部。

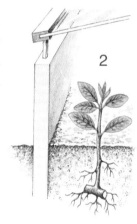

一旦长出新的叶片（生根的迹象），就将插穗换盆到腐殖土（1/3）、粪肥（1/3）和园土（1/3）配制的混合基质中。整个冬天放置在温床内。春季再重新换盆。

在定植之前应让植株度过第二个冬天。

★★★★

铁线莲属植物

Clematis L.

茎插

最佳扦插期

| 1 | 2 | 3 | 4 | 5 | 6 | 7 | 8 | 9 | 10 | 11 | 12 |

最佳移植期

夏季，剪取已硬化的茎秆顶梢，将其截成10厘米长作为插穗。摘除部分基部叶片。

将插穗扦插入盆，植入湿润的灌木腐蚀土和湿沙配制的混合基质中。放置在高温（最佳温度25℃）和遮阴处。

铁线莲的枝和花喜阳，但其根部喜欢凉爽的环境。在铁线莲的脚边栽种一株灌木为其稍微遮荫亦或使用一块空心砖遮盖基部。采取扦插法可繁殖出大量同品种的铁线莲幼苗，能以低成本布置棚架，显得格外优雅别致。

翌年春季，将新植株栽种入园，避免植物基部受强光暴晒。

种植后的第2个夏季，铁线莲可能出现第一次花期。

龙吐珠

Cerodendrum thomsoniae

茎插

最佳扦插期

| 1 | 2 | 3 | 4 | 5 | 6 | 7 | 8 | 9 | 10 | 11 | 12 |

将龙吐珠种植在普通腐殖土中，放置在有窗帘遮挡的窗边或玻璃房里，可快速生长为一株优雅的室内观叶植物。大青新植株在夏季会开出红色和象牙色的花朵。采取扦插法繁殖可为您的朋友们提供幼苗。

1

春季，剪取10～15厘米长的新生茎秆顶梢作为插穗。摘除部分基部叶片。

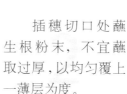

2

插穗切口处蘸生根粉末，不宜蘸取过厚，以均匀覆上一薄层为度。

3

将插穗扦插入盆，植入河沙和泥炭土各半的混合基质中，使用透明塑料袋罩上整棵植株并置于温暖处（最佳温度20℃）。

一旦长出新叶，即插穗生根的迹象，就去除花盆上的塑料袋并正常栽种植株。

日本木瓜

Chaenomeles japonica

茎插

最佳扦插期 ▼

| 1 | 2 | 3 | 4 | 5 | 6 | 7 | 8 | 9 | 10 | 11 | 12 |

▲ 最佳移植期

1

夏季，剪取10～12厘米长的侧枝，在基部保留2～3厘米的主枝干部分（插条）。使用嫁接刀切断主枝干，然后摘除下部的叶片。

2

让插条蘸上生根粉末。

3

将插穗插入河沙和泥炭土各半的混合基质内，置于温床中。加盖透明塑料膜养护直至翌年春季。

尽管日本木瓜更喜于黏土质的淤泥土，但它适应性强，对环境要求不苛刻，可随处生长。阳光充足，开花更为繁茂，亦耐半阴。扦插繁殖是唯一可大规模拷贝母株的繁殖方式。

春季一旦生出新叶，就将插穗种植入园。

鞘蕊花属植物

Coleus

茎插

最佳扦插期

| 1 | 2 | 3 | 4 | 5 | 6 | 7 | 8 | 9 | 10 | 11 | 12 |

最佳移植期

盆栽鞘蕊花属植物可在普通腐殖土和光线充足的环境下茁壮成长。不断的修剪能让其生长更加茂盛。也可结合植株摘心和修剪进行嫩枝扦插，剪取生长充实饱满枝条作为插穗：这是一种经济的繁殖方式，可获得大量的幼苗装饰室内空间。

1

2

春季，剪取8～10厘米长的茎秆顶梢，并摘除基部的部分叶片。

将插穗插入泥炭土和河沙各半的混合基质中，放置在室内温暖的地方(最佳温度20℃)。

3

也可以将插穗放入水中培植。

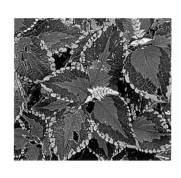

4

大约在2～3周后，将插穗移植到灌木腐叶土（1/3）、腐殖土（1/3）和泥炭土（1/3）混合的基质中。移栽后1个月，切去茎尖以促分枝。

选取携有彩色草叶的茎秆扦插可以繁殖出色彩鲜艳的植株。

朱蕉

Cordyline fruticosa

茎插

最佳扦插期 ▼

| 1 | 2 | 3 | 4 | 5 | 6 | 7 | 8 | 9 | 10 | 11 | 12 |

▲ 最佳移植期

春季，选取健壮的老枝作插穗，剪成5厘米的长度，每段插穗至少含有一个叶芽（在表皮下方处凸出）；标注每一段的上端与下端。

将插穗垂直插入泥炭土和河沙各半的混合基质中。使用塑料薄膜将苗床包起来，放置在室内靠窗边（最佳温度20℃）。谨慎浇水。

当新叶横向生出时，即将植株换盆到腐殖土（1/3）、灌木腐叶土（1/3）和泥炭土（1/3）的混合基质中。

朱蕉喜明亮的光照，可将其置于朝南的窗户附近，用遮阳网遮阳。普通腐殖土对它来说足够了，但是夏季经常浇水（每周1～2次）是必不可少的。多年生老株会延展过多，有碍观赏，应结合扦插采条对其进行短截，促其多发侧枝。

也可用同样方式扦插带叶的茎梢。

★

棣棠花

Kerria japonica

茎插

最佳扦插期 ▼

| 1 | 2 | 3 | 4 | 5 | 6 | 7 | 8 | 9 | 10 | 11 | 12 |

▲
最佳移植期

　　棣棠花喜阳光充足的环境，对土壤要求不严，除过于干燥的土质，可在各种类型的土壤中生长。如果想让棣棠花开花好看，年年都能开花的话，那么有必要在花期过后，在距地表几厘米处给棣棠花进行修剪工作。通过扦插我们可以轻轻松松地繁殖出一株新的生命，拷贝出和母株一模一样的美丽植株，以低成本将灌木绿篱变成花篱。

1

夏季，剪取15～20厘米长的枝条顶梢作为插穗并摘除基部叶片以及顶尖。

　　将插穗插入河沙和泥炭土各半的混合基质中。放置在温床内养护度过整个冬季。

2

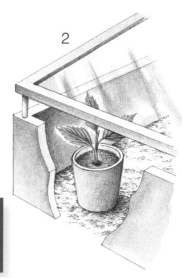

　　4月，一旦新叶生出，就将植株换盆到腐叶土中。翌年秋季落叶之后再种植入园。

山茱萸属植物

Cornus

茎插

最佳扦插期 ▼

| 1 | 2 | 3 | 4 | 5 | 6 | 7 | 8 | 9 | 10 | 11 | 12 |

▲ 最佳移植期

夏季，剪取8至12厘米长的茎秆顶梢作为插穗。摘除基部叶片。

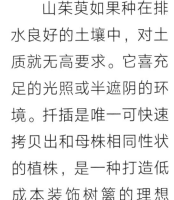

将插穗基部伸进生根粉末中，切口面均匀地蘸上一层薄薄的粉末。

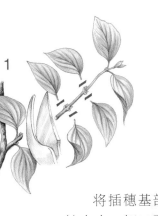

山茱萸如果种在排水良好的土壤中，对土质就无高要求。它喜充足的光照或半遮阴的环境。扦插是唯一可快速拷贝出和母株相同性状的植株，是一种打造低成本装饰树篱的理想方式。

将插穗扦插入河沙和泥炭土各半的混合基质中，放置在温床内（最佳温度15～18℃）。

盆内栽培山茱萸新植株2～3年，随后定植入园。

生出新叶时，即换盆栽种，冬季应将植株置于荫蔽处养护（最佳温度10～12℃）。

常绿枸子属植物

Cotoneaster

茎插

最佳扦插期
▼

| 1 | 2 | 3 | 4 | 5 | 6 | 7 | 8 | 9 | 10 | 11 | 12 |

▲
最佳移植期

即使在最贫瘠的土壤中，常绿枸子属植物也会茁壮成长，但是该植物忌强光，稍耐阴。采取扦插法——唯一可行的繁殖方法——可获得大量的优良地被植物材料，适用于覆盖荒芜的山坡。

1

秋季，剪取6～10厘米长的侧枝，在其基部保留少许主枝部分（插条），去除下部叶片。

将插条蘸上生根粉末。

可以同样的方式扦插繁殖落叶枸子属植物，但扦插最好在6月或7月进行。平枝枸子属植物宜在3月扦插。

2

3

将插穗插入河沙和泥炭土各半的混合基质中，置于温床内，加盖透明塑模。翌年春季，将植株栽种在花园荫蔽角落，培育2年，然后定植。

变叶木属植物

Codiaeum

茎插

| | | 最佳扦插期 ▼ | | | | | | | | | |
|1|2|3|4|5|6|7|8|9|10|11|12|

最佳移植期 ▲

冬末，剪取长有成年叶片（硬的）的茎秆顶梢作为插穗。摘除基部叶片。

变叶木属植物对土壤要求不严，普通盆栽土栽种即可，但每天需要2～3个小时的日照才能保持其美丽的色彩。扦插法是唯一可以保留母株叶片优良性状的繁殖方式。它同时也是一种管理株形的好方法。

将顶部叶片绑缚在一起，避免挤伤叶片。将插穗扦插入河沙和泥炭土各半的混合基质中。放置在暖和的地方（最佳温度18～20℃），在正午天气炎热的时候，应在植株叶片周围喷水洒水，并进行遮阴，避免烈日暴晒。

大约1个月后，顶芽开始生长，标志着插穗生根。随即将植株换盆到普通腐殖土中养护。

纸莎草

Cyperus papyrus

叶插

纸莎草的根部需要保持湿润，因此需要在碟子或花盆套里始终留有一些水。日照充足对其生长也很重要。扦插法是大量繁殖纸莎草的最快方法。

1

将叶片剪去一半面积以减少蒸发。茎段插入水中，浸透叶子的基部。将植株放置在靠窗边且温暖的地方（最佳温度20℃）。

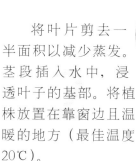

2

春季，剪取2厘米长且带有叶和花（不显眼）的茎秆顶梢作为插穗。

3

一旦叶芽处生出许多根系，就将植株换盆到普通腐殖土中栽种，保持土壤足够湿润。

新茎秆将从插穗的叶片中心处生长出来。

灌木

苏格兰金链花

Laburnum anagyroides

茎插

最佳扦插期

| 1 | 2 | 3 | 4 | 5 | 6 | 7 | 8 | 9 | 10 | 11 | 12 |

春季，剪取20～25厘米长的枝条顶梢作为插穗。将剪下的枝条下部切一个斜面并去掉一些叶片。

可在5—6月，采集仍然是绿色的新生枝条作为插穗扦插入温床里养护。当植株开始生长即可移盆。冬季置于室内养护以保证安全越冬，翌年春季种植入园。

苏格兰金链花喜光，亦耐半阴。将其种植在排水良好的土壤中生长更佳。采取扦插法可大规模地繁殖出苏格兰金链花，用于园林绿化，例如将树篱装饰为花篱。

将采集的插穗基部伸进生根粉末中。直接种植入园，并在土壤中添加高比例的沙子，促使植株更好地吸收养分。每3根插穗种植在一起，形成一个小树丛——花期到来时，成簇的金黄色花朵挤满枝头，场面会显得更加壮观。

2

大丽菊

Dahlia pinnata Cav.

茎插

最佳扦插期 ▼

| 1 | 2 | 3 | 4 | 5 | 6 | 7 | 8 | 9 | 10 | 11 | 12 |

▲ 最佳移植期

大丽菊喜阳光充足，喜肥沃的土壤；将其种植在堆肥坑里，夏季浇水充足，促使开花茂盛。采取扦插法繁殖大丽菊，可以低成本获得许多相同品种的幼苗。

1

在冬末的时候，将大丽菊的块茎放进湿沙里，置于暖和的地方培育（沙子最佳温度15～18℃）。

当块根发芽并生成6厘米高的嫩枝时，使用接枝刀将嫩枝与块茎分开，仅保留少许根块（呈踵状）。

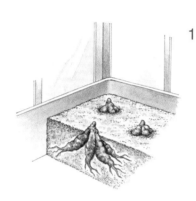

2

3

将插穗扦插入盆，放置在凉爽的室内（最佳温度15℃）。

1个月后（在5月）将新植株栽种入园；自夏季开始，植株将会开花。

★★★

翠雀

Delphinium

茎插

春季，当植物高度达到15～20厘米时，在其基部3～5厘米处采集新枝，从母株上剪切时，插穗外带一点根系。

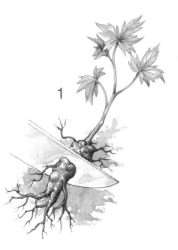

1

将插穗种进温床内，插入河沙和泥炭土各半的混合基质中培育（最佳温度15℃）。

2

翠雀喜土质深厚和肥沃的土壤，喜避风的环境。剪去开过花的枝条：如果在夏季经常浇水，9月份可能再次开花。可采取分株法繁殖翠雀，但是扦插法繁殖能以更快的速度获取更多的幼苗。

3

大约一个半月后，幼苗长出真叶（生根良好的迹象），将新苗定植到花坛里。

飞燕草在秋季或最晚在翌年春季进入开花期。

蓝雪花

Plumbago auriculata

茎插

最佳扦插期

| 1 | 2 | 3 | 4 | 5 | 6 | 7 | 8 | 9 | 10 | 11 | 12 |

最佳移植期

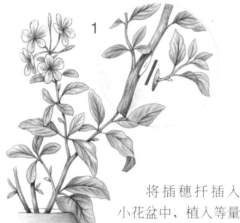

采集8～1C厘米长的未开花的侧枝，在切取插穗时，保留一小块的主枝表皮（呈踵状）。

蓝雪花喜多石的土壤，喜充足光照。在冬季养护时需要提供一个避风且防寒的环境：蓝雪花不耐寒，寒冬时节，植株的上部分经常被冻伤；在这种情况下，3月份需剪掉上部分枝条。繁殖蓝雪花，采取扦插繁殖是保留母株优良性状的唯一方法。

将插穗扦插入小花盆中，植入等量河沙、泥炭土和腐殖土配制的混合基质里并放置在温暖的地方（土壤最佳温度16～18℃）。

1月，将植株放置在凉爽（最佳温度12～15℃）、光照充足的室内养护，剪去茎秆尖端几厘米的部分。从2月至种植入园期间，注意通风并逐渐减少浇水。在4～5月没有任何霜冻危险的情况下，将植株种植入园，露天养护。

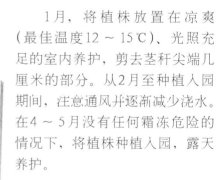

若土壤的土质深厚，可在基穴底部覆盖一层小砾石。

溲疏属植物

Deutzia

茎插

最佳扦插期 ▼

1　2　**3**　4　5　**6**　7　8　9　10　11　12

最佳移植期 ▲

从当年生且略显硬化的枝条上剪取12厘米长的茎秆顶梢作为插穗。摘除部分侧叶。

溲疏属植物对土壤的要求不严。相反地，它更喜于在避风、光照充足或稍遮阴的环境下生长。繁殖溲疏属植物的方式有很多，但扦插法是唯一能够快速拷贝出和母株相同性状的植株的繁殖方法。

将插穗扦插入温床内，植入河沙和泥炭土各半的混合基质中，加盖透明塑料膜。在冬季，监测温度（最佳温度12～15℃）。若冬季十分寒冷，应将植株移栽到易于避寒保暖的小型花盆中精心看护。

春季，将生根的插穗栽种到装有园土和腐殖土混合物的花盆里。

在翌年秋季落叶期之后，将植株栽种入园。

★★

花叶万年青

Dieffenbachia amoena

茎插

1 2 3 4 5 6 7 8 9 10 11 12

最佳移植期

花叶万年青是一种易于栽种的室内植物，能容忍中等程度的光照甚至冬季微凉的环境（约15℃）。春季至秋季，给植株定期浇水（每隔一天），冬季需控制浇水量。扦插法是唯一可以保持叶片花斑特征的繁殖方法。

扦插繁殖也可以剪取茎秆的带叶顶端作为插穗，垂直插入同样的混合基质中培育。新叶片出现即意味着插穗生根成功。

将一段至少有手指粗细的老枝截成若干8～10厘米长的茎段，每一节茎段至少含有2～3节和1个叶芽（环上方的肿胀部分）。

将每一个茎段横埋于装有湿泥炭的花盆里，茎段上半部长有叶芽的面朝上。将整株植物置于温暖处（最佳温度20～25℃）。

当叶芽萌发，长出叶片时，即意味着插穗生根成功。将插穗换盆到等量灌木腐叶土、腐殖土和泥炭土配制的混合基质里养护。

★★★

胡颓子

Eaeagnus pungens

茎插							最佳扦插期 ▼				
1	2	3	4	5	6	7	8	9	10	11	12

▲ 最佳移植期

剪取8～10厘米长的枝条顶梢作为插穗。摘除部分侧叶。

1

2

将插穗扦插入温床内，植入河沙和泥炭土各半的混合基质中，加盖透明塑料薄膜。

春季，将生根的插穗栽种到装满腐殖土的花盆里。按照此方式盆内栽种2年，然后定植，定植最好在初春进行。

3

在2年的盆栽培育期，应定期给胡颓子植株修剪茎梢，促使其分枝密集。

胡颓子适应性强，对土壤要求不严，喜欢普通的土壤，甚至是在贫瘠和钙质土壤里也能茁壮生长，但更喜欢阳光充足的地方。扦插是一种快速的繁殖方法，可成倍地培育幼苗，具有多种用途：例如，因其生长速度快，可以低成本营造一道树篱。

★★★

梣叶槭

Acer negundo L.

茎插

最佳扦插期

| 1 | 2 | 3 | 4 | 5 | 6 | 7 | 8 | 9 | 10 | 11 | 12 |

▲ 最佳移植期

这种杂色枫树种植非常普遍，该树种能在各种类型的土壤中正常生长，喜阳也耐半阴。虽然生长速度有些缓慢，但扦插法仍然是繁殖梣叶槭植株的好方法。从扦插插穗到生长为与母株同样优雅的小乔木需要几年时间，所以需要耐心等待。

1

2

初冬，剪取15厘米长的枝条顶梢，斜着切割，使基部形成一个细长的斜面。

3

给插穗切面涂上生根粉末，插入河沙（1/3）和泥炭土（2/3）配制的混合基质中。仅将顶端的叶芽露出基质表面。

4

翌年春季，嫩叶生出，即意味着插穗生根。随后将新植株种植入园。

为了形成一株茂密的灌木，第二个春季，修剪新生植株，促其基部分枝密集。若想长成一棵高生或低生树，则让其自由生长。

★

鼠刺属植物

Escallonia

茎插

最佳扦插期

| 1 | 2 | 3 | 4 | 5 | 6 | 7 | 8 | 9 | 10 | 11 | 12 |

最佳移植期

春末，刚好在新生枝的下方剪取未开花的茎秆顶梢作为插穗。

随后摘除部分侧叶，并去除离分枝几厘米处的茎干上部分；在其基部保留2～3厘米长的茎秆（插条）。

将插穗扦插入温床内，植入泥炭土和河沙各半的混合基质中，加盖透明塑料薄膜。在冬季监测温度（最佳温度12℃）。

初春，将生根的插穗栽种到装满腐殖土的花盆里。等到翌年秋季就将植株种植入园。

在寒冷地区，将插穗直接扦插于花盆内，以便冬季移回，避免低温冻伤植株。

鼠刺属植物对土壤要求不严，在各种土壤中均能栽培，但在冬季，忌土壤里积水太多。宜将其种植在阳光充足的环境下，尤其是在冬季寒冷的地区。繁殖鼠刺属植物可采取不同的繁殖方式，但扦插是一种快速获取与母本具有相同性状的幼苗的繁殖方法，适用于园林绿化：例如，以低成本编织一道花篱。

大戟属植物

Euphorbia L.

茎插

最佳扦插期

| 1 | 2 | 3 | 4 | 5 | 6 | 7 | 8 | 9 | 10 | 11 | 12 |

最佳移植期

许多栽种在室内的大戟属植物与仙人掌十分相似。在生长期内，它们需要充足的阳光和适宜的温度，尤其在冬季，应放置在朝南的窗户后面。大戟属植物生长速度快，可采取扦插法在短时间内获得与母株一模一样的美丽的新植株。

使用消过毒的小刀（采用酒精燃烧消毒法）剪取茎秆顶梢（最好是侧枝），截成6～10厘米的长度作为插穗。采集插穗时使用纸巾裹住茎节，避免被扎伤。

将插穗直立放在阴凉处的木板上，远离潮湿，防止畸形。放置7天直至白色浆液凝固。

将插穗插入湿沙基质中，扦插深度以刚好埋入插穗基部为宜。

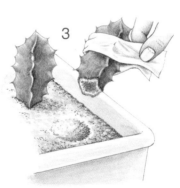

大戟属植物耐热耐旱，因此在插穗生根之前均不需要过多浇水。大约2个月之后，等到插穗生根就将其种植到仙人掌科植株的特殊腐殖土中栽培。

熊掌木

Fatshedera lizei

初秋，剪取坚硬的茎秆顶梢，截成15厘米长的作为插穗。摘除部分侧叶（最大的叶片）。

将插穗的切口面伸入生根粉中，待干燥后扦插入盆，插入河沙和泥炭土各半的混合基质里。使用透明塑料袋罩上整棵植株。

将熊掌木的新植株放在光线充足的地方培育。

为保持树叶的绿色（淡绿色或浓绿色）与光泽，熊掌木植株需生长在光照充足的环境下，在夏季应频繁喷雾提高空气湿度。生长旺季须勤浇水，夏季每2天浇一次水，冬季则无须浇太多的水，一周一次即可。扦插是繁殖熊掌木的唯一方法。

1个半月后，待插穗生根（它们将形成新的叶片），将植株换盆栽种到由园土（1/3）、腐殖土（1/3）和泥炭土（1/3）混合成的肥沃基质里。

垂叶榕

Ficus benjamina L.

茎插

　　　　　　　　　　　　　　最佳扦插期　　　　　　　　　

| 1 | 2 | 3 | 4 | 5 | 6 | 7 | 8 | 9 | 10 | 11 | 12 |

　　　　　　　　　　　　　　　　最佳移植期

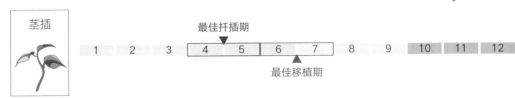

　　垂叶榕是一种易于栽种的室内植物，需要有充足的阳光，夏季定期浇水，冬季则需减量（每周浇水1次）。垂叶榕有多种不同的品种，其叶片差异性大。扦插法是保持品种特性的唯一繁殖方法。

　　春季，剪取一些硬化的侧枝，截成10厘米的长作为插穗。去掉顶生部分并摘除大部分叶片，仅保留1或2片顶叶。

　　将插穗插入河沙和泥炭土各半的混合基质中，放置在温暖处养护（最佳温度20～25℃）。经常喷洒插穗，避免放在阳光直射的地方。

　　等到新叶生出，即意味着插穗生根，就将新植株移植到由等量灌木腐叶土、腐殖土、河沙和泥炭土混合的培养基质里栽种。

　　垂叶榕生长速度快。扦插2～3年内即可获得一株茂密的灌木。

★

无花果

Ficus carica L.

茎插

| 1 | 2 | 3 | 4 | 5 | 6 | 7 | 8 | 9 | 10 | 11 | 12 |

最佳移植期

最佳扦插期

1

在秋季落叶期之后，从2年生（非常坚硬）的树枝上剪取侧枝（20～30厘米长），在其基部保留2～3厘米主枝部分（插条）。截去枝条尖端几厘米长的部分，切口处正好位于叶芽上方。

扦插的时候，应把插穗埋入装满沙子的育苗箱，仅1～2个叶芽露出基质表面。放置在向北的墙根处。

2

3

春季，将（尚未生根的）插穗栽种到花园里，始终保持1个叶芽露出基质表面。不久插穗长出新叶，意味着插穗恢复生长。

等到植株恢复生长之后，摘除埋在基质内并且可能萌发的叶芽，仅保留尖端处的芽点，以促使植株生长更加旺盛。

种植无花果忌酸性土壤：在干燥和轻质的土壤中生长茂盛。在法国南部及大西洋沿岸地区，无花果可以长成3～4米高的大树。在其他地方，无花果常以灌木形式栽种（丛生），便于冬季防寒。无花果繁殖可采取压条法，但扦插法是最快速的繁殖方法。

★★

琴叶榕

Ficus lyrata

茎插

| 1 | 2 | 3 | 4 | 5 | 6 | 7 | 8 | 9 | 10 | 11 | 12 |

最佳扦插期 ▼

最佳移植期 ▲

因与橡胶榕非常相似，琴叶榕对生长条件表现出相同的耐受性。应定期清洁会积累灰尘的大叶片。扦插法是在室内繁殖琴叶榕的唯一方法。

春季，剪取母株上的茎秆顶梢，截成15～20厘米的长度作为插穗。摘除大部分叶片，仅在顶部保留2～3片叶（不要选择太嫩的叶子）。

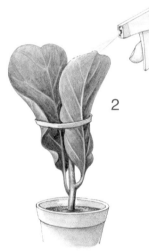

使用一根橡皮筋捆扎叶片，切勿绑缚太紧，随后将插穗插入泥炭土和河沙各半的混合基质里。经常喷水并且放在温暖的环境中培育（最佳温度20～25℃），避免阳光直射。

采集插穗后需立即扦插，以免树液流出。

一旦插穗长出新叶，就将其换盆到由等量灌木腐叶土、腐殖土、泥炭土和河沙混合的培养基质中栽培。

薜荔

Ficus pumila L.

春季，剪取10～15厘米长的茎秆顶梢作为插穗。摘除部分侧叶。

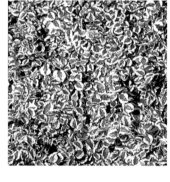

将采集的插条立即扦插（以免树液流出），插入湿泥炭土和湿河沙各半的混合基质里。放置在温暖的地方（最佳温度20～25℃）。定期喷洒插穗，避免放在阳光直射处晒。

薜荔喜高温多湿的环境，在热的温室里，枝条上能生出许多细长的气生根，并依靠这些气生根牢牢地附着在墙壁上，向上攀援。利用春季修剪新枝作为插穗进行扦插，以快速获得许多具有相同特征（叶子形状和花斑）的幼苗。

一旦插穗长出新叶，就将其换盆到由等量灌木腐叶土、腐殖土、泥炭土和河沙配制的混合基质里栽培。

网纹草

Fittonia verschaffeltii

茎插

最佳扦插期

| 1 | 2 | 3 | 4 | 5 | 6 | 7 | 8 | 9 | 10 | 11 | 12 |

最佳移植期

网纹草喜柔和的光照，宜多湿环境，生长期内需较高的空气湿度，否则植株容易枯萎。室内温度非常适合网纹草栽培，但在冬季，它更喜爱于略显凉爽的环境中生长，适宜温度大约12～15℃。繁殖网纹草可采取不同的方法，但扦插法是完全重现母本植株特性的唯一繁殖方法。

冬末，剪取8～10厘米长的茎秆顶梢作为插穗，每根插穗上至少含有3～4对叶片。摘除基部的部分叶片。

将插穗横置在由等量河沙、泥炭土和灌木腐蚀土制成的混合基质表面，压实根茎周围土壤。借助肘钉固定插穗以加大其与土壤的接触面积。给植株经常喷水并放在温暖的环境中培育（最佳温度20℃）。

插穗在水中栽培也容易生根。生根后即可上盆。

插穗生根速度很快。在扦插后大约2～3周，将生根的插穗换盆到由等量泥炭土、腐殖土和灌木腐叶土配制的混合基质中栽培。

连翘

Forsythia suspensa

茎插

最佳扦插期 ▼

| 1 | 2 | 3 | 4 | 5 | 6 | 7 | 8 | 9 | 10 | 11 | 12 |

▲
最佳移植期

1

在入冬的时候，剪取几段非常坚硬的新生茎秆（当年生），截成15～30厘米的长度作为插穗。

2

连翘对环境的要求不严，可受阳光照射，也可忍受半阴的环境；不择土壤，在各种花园土中均能正常生长。开花期之后的修剪能促使花枝萌发。连翘生长速度快，能在短时间内通过扦插培育出许多新种苗。

将插穗稍微倾斜地插入沙壤中并放置在向北墙根处，扦插深度以地上刚好露出几厘米为宜。

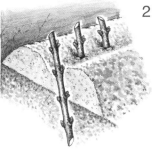

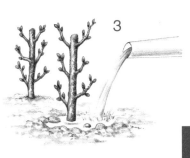

3

春季，在荫蔽的环境下，将插穗种植到轻质的土壤中。避免插穗缺水。

等到秋季落叶期，将插穗定植到花园里的最终位置。

覆盆子

Rubus idaeus L.

根插

最佳扦插期

| 1 | 2 | 3 | 4 | 5 | 6 | 7 | 8 | 9 | 10 | 11 | 12 |

最佳移植期

覆盆子喜轻质、酸性和肥沃的土壤。忌高温：在阳光十分充足的地方，避免暴晒。繁殖覆盆子可通过采集幼芽嫁接轻松繁殖，但扦插法可用更快的速度获得更多的种苗。

小心地挖掘出一株覆盆子苗木，保留尽可能多的细根。将主根切成若干8～10厘米长的根段，每节根段至少带有1个叶芽。

将这些根段放进装有河沙的栽培箱里，一半埋进基质一半露出土外，叶芽朝上，放置10～15天。随后，将栽培箱放在温暖处（最佳温度15～20℃）并保持湿润。

春季，等到插穗生出嫩叶就将植株种植入园。

为使种苗生长得更加旺盛，可将植株栽种到荫蔽角落处的轻质、肥沃土壤里养护，直到秋季定植。

花贝母

Fritillaria imperialis

鳞片扦插

春季，将花贝母鳞茎上的外缘肉质鳞片小心剥下。

1

将鳞片扦插到泥炭土和河沙各半的混合基质中，一半埋入基质一半露在土外，罩上透明塑料袋。几周之后，在鳞片基部将会萌生一些带根的珠芽。

2

花贝母喜肥沃、排水良好的土壤，甚至在石灰质土壤中也可正常栽培。它能在同一地方生长许多年，每年春季开花。采取扦插法繁殖花贝母，可用单个鳞茎快速培育出大批量的新个体。

将每个鳞片种植到装有园土的花盆里，扦插深度以刚好埋进基质为宜。放置在户外荫蔽处养殖。在生长期里，珠芽将会生长出首批叶片。

3

秋末，挖出并剥下小鳞茎，将它们种植到花园里。栽种后的翌年春季，植株将会开花。

倒挂金钟

Fuchsia

茎插

	最佳扦插期 ▼				最佳移植期 ▼

1　2　3　4　5　6　**7　8**　9　10　11　12

倒挂金钟喜半遮阴的环境和肥沃的土壤。在法国南部和西部地区具有广适性，但在其他地方，冬季应移入防霜冻的地方以免植株冻伤。此外，该植物必须盆内栽培。繁殖倒挂金钟扦插法是能够保留花朵特性并快速获得大量幼苗的唯一繁殖方法。

将插穗插入河沙和泥炭土各半的混合基质中，放置在温床内培育。

夏末，剪取5～6厘米长的茎秆顶梢作为插穗，去除基部的部分叶片。

在冬季到来之前，将生根的嫩插穗（带有新叶片）移植到装有园土（1/3）和腐殖土（2/3）混合基质的花盆里。置于迷你温室内。5月份，将植株种植入园，同时剪去几厘米的茎秆促其萌发新枝。

从盛夏开始，倒挂金钟将会开花繁茂。

灌木

卫矛属植物

Euonymus L.

茎插

最佳扦插期
▼

| 1 | 2 | 3 | 4 | 5 | 6 | 7 | 8 | 9 | 10 | 11 | 12 |

▲
最佳移植期

1

夏末，剪取侧枝，保留2～3厘米与其基部连接茎秆部分（插条）。去除下部叶片和枝条的顶端。

落叶卫矛属植物的部分树种在6月份或稍微早些时候进行扦插。

卫矛属植物均喜光，稍耐阴——甚至在阳光充足的地区半遮阴及避寒风的环境下也能茁壮生长。卫矛属植物可采取不同的繁殖方式，其中扦插法是能够保留叶片装饰性和多样性特征（象牙边界，金色黄斑等）的唯一繁殖方法。

将插穗插入河沙和泥炭土各半的混合基质里，放置在温床内培育。在冬季，监测温度（最佳温度：10℃）。即使从秋季开始新叶生出、插穗提前生根，也需等到春季才能将新植株种植入园。

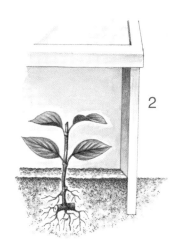

2

天人菊属植物

Gaillardia

茎插

最佳扦插期 ▼

| 1 | 2 | 3 | 4 | 5 | 6 | 7 | 8 | 9 | 10 | 11 | 12 |

▲ 最佳移植期

天人菊属植物对生长环境要求不苛刻:耐旱性佳,喜多细孔且可快速干化的土壤。繁殖天人菊属植物能采取分株法(3月份),但是扦插法可快速获得大量幼苗,并形成一丛丛茂盛的菊花,用以装饰花坛花丛等。

将插穗插入河沙(1/3)、泥炭土(1/3)和腐殖土(1/3)配制的混合基质里,放置在迷你温室内培育。冬季将插穗移入室内温暖处(最佳温度15～18℃),以安全越冬。

初夏,剪取未开花的茎秆顶梢,截成6～8厘米的长度作为插穗。去除基部的部分叶片。

在3月份,天人菊属植物也可以按照相同的操作步骤进行根插繁殖。

翌年春季,将植株种植入园。

金雀儿

Cytisus scoparius

茎插

				最佳扦插期 ▼						
1	2	3	4	5	6	7	8	9	10	11	12

最佳移植期 ▲

夏季，剪取10厘米长的侧枝，在基部保留一部分主茎干（插条）作为插穗。摘除下部叶片。

将插穗插入沙子（2/3）和泥炭土（1/3）配制的混合基质里，覆盖透明塑料膜。

翌年春季，等到新叶生出就将植株移植到普通腐殖土里栽种。

金雀儿在贫瘠土壤中生长的寿命往往比在优质土中更长，其各部组织能得到更加均衡的发育，但在冬季则忌钙质土壤，忌潮湿的环境。采取扦插法可快速获得许多与母本植株相同性状的幼苗，适用于园林观赏，例如，布置庭园中难处理的地方。

金雀儿盆内栽种整整1年，随后在秋季定植。

染料木

Genista tinctoria L.

茎插

最佳扦插期 ▼

| 1 | 2 | 3 | 4 | 5 | 6 | 7 | 8 | 9 | 10 | 11 | 12 |

▲
最佳移植期

染料木喜硅质或钙质土壤，甚至在贫瘠的土壤中也能正常生长，但需排水良好。在阳光充足的环境下，金黄色的花朵开得更加茂盛。扦插是完全重现染料木母株性状的唯一繁殖方法。

夏季，剪取约20厘米长的侧枝，在其基部保留2～3厘米主枝部分（插条）作为插穗。摘除下部叶片。

将插穗基部的切口面蘸上生根粉，插入河沙和泥炭土各半的混合基质里。整个冬季放置在温暖处培育（最佳温度12～15℃）。

鹰爪豆采用同样的方式进行扦插繁殖。

春季，将插穗换盆到腐殖土和园土各半的混合基质里栽种。花盆埋进土中，翌年秋季定植。

鹿角柏

Sabina chinensis

茎插

最佳扦插期

| 1 | 2 | 3 | 4 | 5 | 6 | 7 | 8 | 9 | 10 | 11 | 12 |

最佳移植期

1

夏末，从幼龄鹿角柏母树上采集枝条，将枝条剪成至多15厘米的插穗，掰枝条的时候要轻轻地朝下方撕取，使其基部带上少许主枝的表皮（呈踵状）。

将扦插条踵部伸入生根粉末中，随后将扦插条种植在迷你温室内，插入河沙和泥炭土各半的混合基质里。整个冬季，放置在温暖处（最佳温度10～15℃），保持苗床内的湿度。

2

3

翌年春季，将新植株换盆到花盆内栽培并且户外放置。

鹿角柏偏爱温和气候，喜生长在光照充足、背北风及东风的环境下。鹿角柏品种最适宜采取扦插法繁殖，这也是繁殖该品种的唯一方法。

盆内栽种一年，然后定植入园。

天竺葵

Pelargonium hortorum

茎插

最佳扦插期

| 1 | 2 | 3 | 4 | 5 | 6 | 7 | 8 | 9 | 10 | 11 | 12 |

▲最佳移植期

天竺葵喜光，喜温，喜肥沃土壤。整个夏季，为其施一次促植物开花的特殊肥料，以延长花期至霜冻时节。繁殖天竺葵多采取扦插法，这是唯一一种既能保持母株性状又可大量培育幼苗的繁殖方法，适用于点缀阳台。

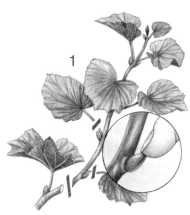

1

将插穗插入腐殖土和花园土各半的混合基质中，每3根插穗为一盆，避免叶片相互接触。在充分浇水之后罩上透明塑料袋。

3

夏末，剪取茎秆顶梢，若有可能，最好是未开花的茎梢，截成10厘米长的作为插穗。摘除部分叶片和叶节点的叶膜（托叶）。静置插穗约2小时，以便伤口晾干。

2

一旦长出新叶，就应该给插穗换盆，整个冬季应将植株放置在凉爽的地方。

在春季，将插穗换到更大的花盆里栽培，逐步使植株适应户外环境。

★★★

灌木

石榴树

Punica granatum L.

茎插

最佳扦插期
▼

1　2　3　**4**　5　**6**　**7**　8　9　**10**　**11**　**12**

▲
最佳移植期

1

初夏，剪取略坚硬的茎秆顶梢，截成10厘米的长度作插穗。摘除基部的部分叶片。

2

将插穗种植在温床内，插入河沙(2/3)和泥炭土(1/3)制成的混合基质里，放在温暖处（最佳温度18～20℃）。整个冬季按上述方法培育，监测温度（最低8～10℃）。

翌年春季，新叶生出即意味着插穗生根，给新植株换盆并放置在花园荫蔽处。

石榴树喜阳光充足和背风的环境。在其他冬季较为寒冷的地区宜装箱种植，便于冬季移入室内。繁殖石榴树多采取扦插法，这是唯一一种既能保持母株性状又可大量快速生产幼苗的繁殖方法。

盆内栽种2～3年，随后定植。

3

★★★★

银桦

Grevillea robusta

茎插

最佳扦插期 ▼

| 1 | 2 | 3 | 4 | 5 | 6 | 7 | 8 | 9 | 10 | 11 | 12 |

▲ 最佳移植期

银桦仅在法国南部地区具有广适性；喜酸性土壤，喜光，喜生长在背风荫蔽、朝南的地方。在其他地区宜装箱种植，放置在冬季保持冷凉的玻璃房里（约10℃）。繁殖银桦多采取扦插法，既能保持母株性状又可大量生产幼苗，用以更新衰老退化的灌木。

1

将插穗插入河沙和泥炭土各半的混合基质中。放置在玻璃房的温暖处(最佳温度15℃)。

夏季，剪取略坚硬的侧枝枝条（6～8厘米长），在其基部保留一部分的主枝（插条）。摘除下部叶片。

2

初秋，将插穗换盆到灌木腐叶土（1/2）、河沙（1/4）和泥炭土（1/4）配制的混合基质里，整个冬季放在凉爽处（10～12℃）。

3

等到翌年春季将银桦属植物定植入园或换盆到更大的栽种箱里种植。

红穗醋栗

Ribes sanguineum

茎插

最佳扦插期

| 1 | 2 | 3 | 4 | 5 | 6 | 7 | 8 | 9 | 10 | 11 | 12 |

在春季开花期间，剪取未开花的枝条顶梢，截成20～25厘米长度作为插穗。摘除所有叶片，仅保留顶生芽。

将插穗直接定植，每3根插条为1组，分别放置在穴坑的3个支点处以快速形成一丛茂密植株。认真浇水。

红穗醋栗喜排水良好、肥沃的花园土。在阳光充足或半阴的环境下均能茁壮生长。繁殖红穗醋栗常采取扦插法这种既能保持母株性状又可快速生产幼苗的繁殖方法，常用于园林绿化，例如形成一个树丛或是营造一道树篱。该植物的生长速度很快。

自扦插后的第3年开始，新植株将会开花。在花期过后略微修剪整枝以促植株生长得更加旺盛。

红茶藨子

Ribes rubrum L.

茎插

　　红茶藨子忌炎热和干旱，在阳光充足的地区，应将其种植在半阴处。偏爱柔软和肥沃的土壤，而不是过于钙化的土质（pH<6.5）。扦插繁殖能够快速获得红茶藨子的新植株，可用于营造一道果树篱或逐渐更新老化的灌木。

1

　　春季，在植株恢复生长之前，剪取幼嫩枝条（颜色最浅的），将其切成若干20厘米长的小段。

2

　　将插穗直接定植，每3根插条为1组，分别放置在穴坑的3个支点处，留1个或2个叶芽在土外。往穴坑的土壤中掺入少许河沙使其更加柔软。

整个夏季期间定期浇水。扦插后3～4年新植株将会结果。

果子蔓属植物

Guzmania

叶插

最佳扦插期

| 1 | 2 | 3 | 4 | 5 | 6 | 7 | 8 | 9 | 10 | 11 | 12 |

1

在3月，剪取生长在植株基部的嫩芽作为插穗。

2

扦插入盆，将插穗基部刚好埋进灌木腐叶土(1/2)、泥炭土(1/2)和松针土（一把）配制的混合基质里，勿将土壤压实。罩上透明塑料袋并放置在暖和的地方（最佳温度20～25℃）。避免暴晒。

在8月插穗生根之时给植株浇水，将温水倒入莲座状叶筒中保持湿润。

果子蔓是一种易于生存的植物，它对光照的适应性较强，可耐受明亮（柔和）或中等强度的光线。此外，它对水分的要求较高，在开花繁盛时期每周浇水2次，还要经常给其喷雾保持湿度。一旦花朵凋零，植株开始濒临死亡，扦插繁殖可以促其重生。

紫鹅绒

Gynura sarmentosa

茎插

最佳扦插期

| 1 | 2 | 3 | 4 | 5 | 6 | 7 | 8 | 9 | 10 | 11 | 12 |

紫鹅绒喜明亮、没有阳光直射且比较暖和（16～20℃）的地方。柔软的枝条是一道靓丽的风景线。扦插是室内繁殖的唯一途径，能使冬季遭受冻害的植株重焕生机，或装饰出一些新吊盆美化房间。

春季，剪取茎秆顶梢作为插穗，并摘除基部的部分叶片。

每盆扦插3～4根插穗，盆中填满灌木腐叶土和河沙各半的混合基质。保持基质湿润并将花盆置于温暖的地方（最佳温度18～20℃）。

插穗水培繁殖也容易生根。

如果将插穗插入水中培育，等其生根后立即换盆，以便插穗更容易适应土壤。

★★★

石头花属植物

Gypsophila

根插

最佳扦插期

| 1 | 2 | 3 | 4 | 5 | 6 | 7 | 8 | 9 | 10 | 11 | 12 |

最佳移植期

春季，掘出石头花属植株，将其铅笔粗细的根部切割成若干10厘米长的小段作为插穗。

1

将这些根段埋入温床内的混合基质中，其基质由等量的花园土、腐殖土、泥炭土和河沙配制而成。在冬季，监测温床内的温度（最佳温度15℃）。

2

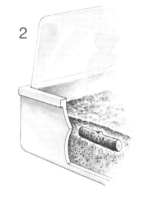

3

在生根的插穗定植之前盆内栽种1年。

石头花属植物更喜多孔、土质深厚，甚至干燥的土壤。养护该种类花卉应为其提供一个温暖和阳光充足的场所。在春季，可采取分株法繁殖，相比之下，扦插或播种法可快速生产出大量的新植株。此外，扦插还能保证繁殖的幼苗与母株具有相同的特性。

如果您生活在气候恶劣的地区，冬季应将插穗植于育苗箱内并采取一定防护措施确保插穗安全越冬。等到春季，给插穗换盆。

★★★★

金缕梅属植物

Hamamelis

茎插

金缕梅属植物在冬季开出金黄色的花朵，喜生长于凉爽、非钙质的土壤里，甚至最好是酸性土壤中。更喜光，也耐半阴。采取扦插法繁殖一些特殊的品种，可为您或您的朋友提供丰富的苗木用以发展一个树形雅致的小林地。

1

夏季，剪取10～15厘米长的侧枝作插穗，在其基部保留部分主枝（插条）。摘除下部叶片。

扦插入盆，将插穗插入河沙和泥炭土各半的混合基质里，放置在暖和、光线充足的地方培育，如温室或玻璃房（最佳温度为18℃）。新叶生出时给插穗换盆，将其栽种到腐殖土(3/5)、河沙(1/5)和泥炭土(1/5)配制的混合基质中，整个冬季将植株放置在凉爽的场所（10℃）。

2

3

春季，将植株移植到花园的荫蔽处栽种。

在花园荫蔽处栽培3～4年，然后定植。

赛菊芋属植物

Heliopsis

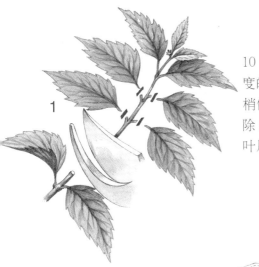

春季，剪取10～12厘米长宽的新生茎秆顶梢作为插穗。摘除基部的部分叶片。

赛菊芋属植物易于生存：可在普通的土壤中正常生长，不择土质且耐受干旱。在春季，可采取分株繁殖，但扦插法能培育出更多数量的新植株——通过分组多株种植，促其大量开花，金黄色的花朵点缀美化庭院。

将插穗插入河沙和泥炭土各半的混合基质里，加盖透明塑料膜，放置在暖和的地方（最佳温度20℃）。浇水适量，避免根部腐烂。

夏季，将生根的插穗种植入园，同时在基坑内加入一把泥炭土。第1个月浇水适量。

★★

绣球

Hydrangea macrophylla

茎插

最佳扦插期

| 1 | 2 | 3 | 4 | 5 | 6 | 7 | 8 | 9 | 10 | 11 | 12 |

最佳移植期

绣球喜光，只要土壤疏松且肥沃，也可在半阴的环境下茁壮生长。繁殖绣球可采取压条法和扦插法，两种方法均容易操作且成功率高。但第二种方法—扦插法可以最快的速度生产出大量幼苗，用以点缀花坛等。

将插穗插入泥炭土(1/3)、河沙(1/3)和灌木腐叶土(1/3)配制的混合基质里，置于温床内培育（最佳温度15℃）。

夏末，剪取已经硬化、未开花的侧枝顶梢（春季后种下的植株）。摘除基部的部分叶片。

当新叶生出即意味着插穗生根，将插穗换盆到腐殖土(2/3)和灌木腐叶土(1/3)配制的混合基质里。整个冬季，将植株放置在凉爽但免受霜冻的场所。若想盆栽开花，应在插穗长有3对叶片的时候剪除顶尖，以促其萌发新枝。

适宜庭院栽种的绣球幼株将在落叶后于翌年春季种植在荫蔽处，并在秋季定植。

冠盖绣球

Hydrangea petiolaris

茎插

最佳扦插期 ▼

| 1 | 2 | 3 | 4 | 5 | 6 | 7 | 8 | 9 | 10 | 11 | 12 |

▲
最佳移植期

夏季，剪取10至15厘米长度的侧枝作为插穗。摘除基部的部分叶片。

将插穗切口面浸入生根粉末中，然后插入河沙和泥炭土各半的混合基质里。

放在阴凉处并保持湿润，直至落叶。

等到第二年春季，将冠盖绣球植株定植到填有灌木腐叶土的基坑里。

冠盖绣球非常适合在阴凉处生长，植株开花可爬满整面朝北的墙壁，但同时也耐充足的阳光。在种植时以及随后的3～4年里，植株需要大量的水分，尤其在夏季；一旦种植妥当，亦可耐受干旱。繁殖冠盖绣球可采取不同的途径，但扦插是完全重现母株性状的唯一繁殖方法。

欧洲冬青

Ilex aquifolium

茎插

　　　　　　　　　　　　　　　最佳扦插期 ▼
1　2　3　[4]　5　6　[7　8　9]　10　11　12
　　　　　▲
　　　最佳移植期

　　欧洲冬青偏爱半阴的环境，适生于肥沃的酸性土壤。因为欧洲冬青是雌雄异株，异花授粉，所以必须养殖一盆雄株和一盆雌株，才能开花并结出红色的浆果。扦插法是完全重现这种灌木的唯一繁殖方法；然而扦插过程需要一点耐心，因为它们生长速度缓慢，幼苗需要培育几年才能达到较适合的高度。

　　夏季，剪取当年生、已经非常坚硬的侧枝，截成15厘米长作为插穗。剪除下部叶片及枝条尖端。

　　将插穗基部伸入生根粉末中蘸取少许，然后扦插于河沙和泥炭土各半的混合基质中，放在温床内并用透明塑料膜覆盖。整个冬天置于温床内培育（最佳温度5～7℃）。

　　第二年春天，将生根的插穗栽种到花园里。

　　为使欧洲冬青幼苗生长得更加旺盛，应先在盆内栽种2年，然后再定植入园。

球兰

Hoya carnosa

茎插

| | | | | | | | 最佳扦插期▼ | | | | |
|1|2|3|4|5|6|7|8|9|10|11|12|

最佳移植期▲

1

夏末，剪取非常坚硬的侧枝，截成8～10厘米长度作为插穗。摘除基部的部分叶片。

球兰喜高温（冬天不低于15℃），喜强光。在4月～9月期间，浇水保持盆土湿润状态，冬季在凉爽的环境下浇水次数减少至每15天一次。扦插是完全重现球兰优良性状的唯一繁殖方法，采取扦插可生产出大量幼苗用以更新衰老退化的植株或使现有植物更加丰富。

将插穗的基部伸入生根粉末中，并插入泥炭土和河沙各半的混合基质。置于加热的迷你温室内培育（最佳温度25℃）。谨慎浇水。一旦插穗生根，就将植株换盆到以相同比例配制的灌木腐叶土、河沙和泥炭土的混合基质里栽种。

2

在冬末也可进行扦插（例如，更新遭受损害的植株）。移植将在3月至4月进行。

红斑枪刀药

Hypoestes sanguinolenta

茎插

最佳扦插期：全年

| 1 | 2 | 3 | 4 | 5 | 6 | 7 | 8 | 9 | 10 | 11 | 12 |

最佳移植期：6至8周后

红斑枪刀药喜普通的腐殖土和中等强度的光照。但光线越充足，其植株的颜色也会越靓丽鲜艳。生长在高温环境（最低16℃）。夏季需经常浇水，冬季则适度浇水。扦插是完全再生红斑枪刀药植株的唯一繁殖方法，可使植物更加丰富。

剪取带有彩色叶片的茎秆顶梢，截成8～10厘米长的作插穗。去除基部的部分叶片。

扦插入盆，插入泥炭土和河沙各半的混合基质，罩上透明塑料袋并放置在暖和的地方（最佳温度20℃）。浇水保持混合基质湿润状态。

等到长出新叶片（良好生根的迹象），就将植株换盆到腐叶土和泥炭土各半的混合基质里栽培。

★★★

欧洲红豆杉

Taxus baccata

茎插

| | 1 | 2 | 3 | 4 | 5 | 6 | 7 | 8 | 9 | 10 | 11 | 12 |

最佳扦插期 ▼

最佳移植期 ▲

秋季，从欧洲红豆杉的直立型枝条上剪取茎秆顶梢，从匍匐型枝条上剪取侧枝（保留母枝的一片树皮），截成8～10厘米长度作为插穗。使用嫁接刀去除部分针叶。

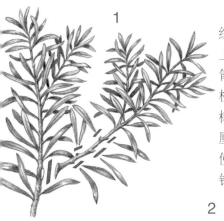

欧洲红豆杉的寿命极长（可以活1 000多年），对环境污染也具有很强的耐受性。它适宜生长在阴凉处的普通土壤中。尽管操作过程讲究，但扦插法依旧是最容易的繁殖方法。然而采取扦插繁殖需要足够的耐心，因为欧洲红豆杉的生长速度非常缓慢。

将插穗的基部伸入生根粉末中，然后种植到装有等量湿沙和湿泥炭的花盆里。冬季放置在凉爽且光线充足的房间内培育（最佳温度15～18℃）。

将生根的插穗栽种在户外遮阴处，但是需要始终保持盆内栽种并且定期浇水，直至翌年秋季的定植期。

血苋属植物

Iresine

茎插

最佳扦插期 ▼

| 1 | 2 | 3 | 4 | 5 | 6 | 7 | 8 | 9 | 10 | 11 | 12 |

血苋属植物是一种小型的彩叶（呈红色条纹）观赏植物，适宜室内盆栽或种植在花园里的一年生花卉丛中。为其提供肥沃、排水良好的土壤以及充足的阳光，植物叶色会更加艳丽。扦插繁殖是既能保留母株性状又可大量生产幼苗的唯一方法。

秋季，剪取色彩艳丽的茎秆顶梢，截成8~10厘米长作为插穗。去除基部的部分叶片并减少保留的大叶片表面积。

将插穗插入湿沙和湿泥炭各半的混合基质里，放置在暖和的地方（最佳温度18℃）。为控制植株高度促进分枝，应定期修剪枝条。

也可以将插穗插入水中栽培。在生根后，应立即换盆到等比例的腐殖土、花园土和河沙的混合基质中。

如果想获得大量的幼苗用于布置一年生植物花坛，应于2月份在迷你温室里制作新的插穗，并在2周之后将新植株换到装有相同基质的小型花盆里栽种。

★★★

龙船花属植物

Ixora L.

茎插

| 最佳扦插期 |
| 1 | 2 | 3 | 4 | 5 | 6 | 7 | 8 | 9 | 10 | 11 | 12 |

最佳移植期

春季，从一片树叶的下方剪取茎秆顶梢作为插穗。摘除所有叶片并切去尖端，注意分清插穗的上部和下部。

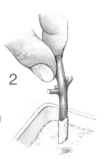

将插穗基部的切面伸入生根粉末中蘸取少许。

将插穗扦插入河沙和泥炭土各半的混合基质里，放在暖和的地方（最佳温度25℃），如加热的迷你温室里或置于暖气片上培育。使用透明塑料袋包裹。

温暖和湿润的环境是龙船花属植物繁茂生长的至关重要的条件。注意通风，避免温度变化过大。宜将其种植在普通腐殖土中。扦插是完全重现龙船花属植物性状的唯一繁殖方法。

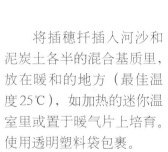

插穗生根速度缓慢。2个月之后，移走塑料袋。再过3个月，将生根的插穗换盆到普通腐殖土中种植。

珊瑚花

Cyrtanthera carnea

茎插

最佳扦插期

1　2　3　[4]　5　6　7　8　9　10　11　12

最佳移植期

　　珊瑚花适宜生长在富含有机肥的普通腐殖土里。喜光照充足，但需避免阳光直射，喜适宜的生长温度在25℃以上，喜通风良好的环境。通过扦插我们可以拷贝出和母株一模一样的美丽植株，再现轧波纹的叶片和鲜艳雅致的粉红色花朵。

　　春季，剪取5～10厘米长的非开花的茎秆顶梢作为插穗。去除基部的部分叶片。

　　将插穗插入河沙和泥炭土各半的混合基质里。给插穗喷雾以保持湿润，罩上透明塑料袋（例如冷冻袋）并放在阴凉处培育。

　　大约2～3周后，插穗上将出现新的叶片。将插穗换盆到富含有机肥的普通腐殖土中栽培。

络石

Trachelospermum jasminoides

茎插

| 最佳扦插期 ▼ |
| 1 2 3 4 5 6 7 8 9 10 11 12 |

▲
最佳移植期

夏季，在花期之后，剪取10～15厘米长、未开花的茎秆顶梢作为插穗。去除基部的部分叶片。

1

2

插穗处理好之后，将其放在阴凉处几小时，待伤口晾干后伸入生根粉末中。将插穗插入沙壤中并放在迷你温室内保暖（最佳温度为20℃）。整个冬季按上述方法养护以安全越冬。

翌年初春，将幼苗种植到最终的位置。

络石在轻质、酸性和排水良好的土壤中茁壮成长。光照是保证植株开花繁茂的必要条件。在较为温暖的地方，络石具有广适性。在其他地方，冬季需精心养护，需要采取一定的防护措施为其提供良好的生长环境。采取扦插法能繁殖出具有相同性状的幼苗，可用于园林绿化，例如植株交换。

迎春花

Jasminum nudiflorum

茎插

最佳扦插期

| 1 | 2 | 3 | 4 | 5 | 6 | 7 | 8 | 9 | 10 | 11 | 12 |

最佳移植期

在排水良好的土壤和充足的光照环境下，迎春花才能大量开花。繁殖迎春花多采用扦插法，操作简便，能保持母株性状又可大量生产幼苗，若将其栽种在墙角，可快速布满墙壁，开满金黄色的花朵。

初夏，从幼枝上剪取10～15厘米长的茎秆顶梢作为插穗。去除基部的部分叶片。

将插穗插入河沙和泥炭土各半的混合基质里。放置在温床内，保持湿润和阴凉，或整个冬季放置在免受冻害的地方养护。翌年春季，将插穗种植到最终的位置。

迎春花既没有攀缘茎又没有卷须，因此不能单独向上攀爬。用柔软的细绳将它的枝条绑在架子上，让其攀附向上生长。

褐斑伽蓝

Kalanchoe tomentosa

茎插

最佳扦插期

| 1 | 2 | 3 | 4 | 5 | 6 | 7 | 8 | 9 | 10 | 11 | 12 |

最佳移植期

　　春季，剪取5～8厘米的茎秆顶梢作为插穗。去除基部的部分叶片。将插穗插入河沙和泥炭土各半的混合基质中，置于光照充足的窗台前暖和处，窗户需要配备窗帘纱以适当遮阴，避免烈日暴晒。

　　大约1个月之后，将生根的插穗换盆到由相同比例的腐殖土、园土、灌木腐叶土和河沙配制的混合基质里。

　　密被白色茸毛的褐斑伽蓝植株喜轻质土壤，喜阳光充足和温暖的环境。从5月份开始露天栽培，其枝叶生长更有光泽。扦插是繁殖褐斑伽蓝植株的唯一方法。

给生根的插穗谨慎浇水。

大叶落地生根

Kalanchoe daigremontiana

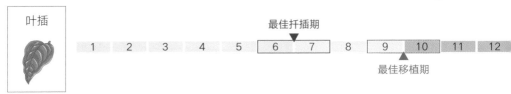

最佳扦插期

| 1 | 2 | 3 | 4 | 5 | 6 | 7 | 8 | 9 | 10 | 11 | 12 |

最佳移植期

这种伽蓝菜属植物的生长全年都需充足的光照和热量。夏季露天栽培。在轻质的土壤中生长健壮，花繁叶茂：花园土、腐殖土和沙质土。扦插是繁殖它们的较便利途径。

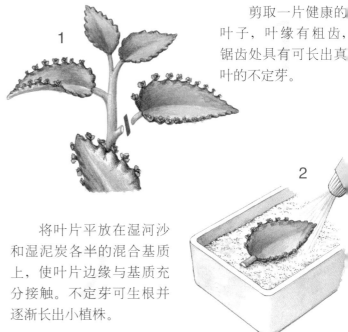

1

剪取一片健康的叶子，叶缘有粗齿，锯齿处具有可长出真叶的不定芽。

将叶片平放在湿河沙和湿泥炭各半的混合基质上，使叶片边缘与基质充分接触。不定芽可生根并逐渐长出小植株。

2

当幼苗长得足够大，就进行分苗，将它们与母叶分开，每3～4株幼苗种植一盆。

3

不定芽有时会从叶片上自然脱落并落在母株边上。不定芽就会就地生根繁衍后代。

★★

猬实

Kolkwitzia amabilis

茎插

最佳扦插期
▼
1　2　3　4　5　6　7　8　9　10　11　12
△
最佳移植期

1

初夏，从绿色或红褐色的侧枝上剪取15～20厘米长的茎秆顶梢作为插穗。摘除基部的部分叶片并切去尖端。

将插穗基部伸入生根粉末中，蘸取一些粉末，然后进行扦插。

2

猬实喜充足的阳光和排水良好的普通花园土。开花后可利用修剪下来的枝条进行扦插繁殖。这是完全重现猬实母株性状的唯一途径。

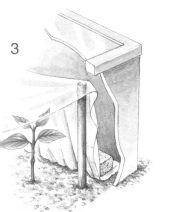

3

将插穗插入河沙和泥炭土各半的混合基质里，置于温床内。加盖透明塑料膜精心养护以安全越冬。春季种植入园。

> 不久就可以看到生根的迹象（新叶），有时仅在扦插后1个月插穗就能生根。

马缨丹

Lantana camara L.

茎插

最佳扦插期

| 1 | 2 | 3 | 4 | 5 | 6 | 7 | 8 | 9 | 10 | 11 | 12 |

最佳移植期

只有在冬季温和的地区，马缨丹才具有广适性。在其他地方，需在盆内栽种，以免受冬季寒冷的影响。它适宜生长在排水良好且肥沃的土壤中，生长在阳光充足的环境下。扦插是保留马缨丹母株多彩花色的唯一途径。

1

秋季，将栽种在花坛里（露地）的植株换盆，放置在凉爽的地方（最佳温度15℃）直至1月份。随后，放在温暖、光线充足的室内（最佳温度20℃）。当植株生长恢复时，剪取8～10厘米长的茎秆顶梢作为插穗。摘除基部的部分叶片。

将插穗扦插入盆，种在由等量河沙、腐殖土和泥炭土配制的混合基质里并放置在微凉的环境下养护（最佳温度15℃）。当插穗开始生长时，剪去尖端以促使萌发分枝。

5月，在没有任何霜冻危险的情况下，将插穗种植入园。当然也可以继续用花盆栽培。

2

桂樱

Prunus laurocerasus L.

茎插

最佳扦插期
▼

| 1 | 2 | 3 | 4 | 5 | 6 | 7 | 8 | 9 | 10 | 11 | 12 |

最佳移植期

1

初秋，剪取15～20厘米长度的茎秆顶梢作为插穗。去除基部的部分叶片。

2

将插穗切口面伸入生根粉末中蘸取少许，然后进行扦插，插穗种植在温床内河沙和泥炭土各半的混合基质里。加盖透明塑料膜，整个冬季按照此方式养护以确保植物安全越冬。

在春季，将生根的插穗换盆到装有普通腐殖土的花盆里并放置在花园荫蔽处养殖。

3

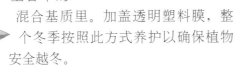

桂樱喜凉爽、既不过于干燥又不过于湿润、排水良好的土壤。在低于零下15℃的环境下，其常绿树叶会被冻伤，但春季又可从基部开始重新生长。因此需要剪除被霜冻损坏的枝条。扦插是一种快速的繁殖方法，既能保持母株性状又可大量生产幼苗，可以低成本营造一道树篱。

在定植之前，将幼苗盆栽种植1～2年。

夹竹桃

Nerium oleander L.

茎插

| | | | | | | | | | | | |
|1|2|3|4|5|6|7|8|9|10|11|12|

最佳扦插期 ▼

▲ 最佳移植期

夹竹桃仅在温暖的地区具有广适性。在其他地方，要选背风向阳的暖和处栽植并且冬季需覆盖御寒；也可盆栽夹竹桃便于冬季移入室内防冻。阳光充足的环境下，能在所有排水良好的园土中茁壮生长。扦插是唯一一种既能保持夹竹桃母株性状又可大量生产幼苗的繁殖方法。

扦插入盆，将插穗插入河沙(1/5)、泥炭土(1/5)和腐殖土(3/5)配制的混合基质里。整个冬季，放置在温床内（最佳温度：10℃）培育。在春季定植。

夏季，剪取未开花的茎秆顶梢，截成15～20厘米长的作为插穗。去除基部的部分叶片。

夹竹桃也可以扦插水培。在插穗生根后（3～4周后）立即换盆。

夹竹桃的汁液有毒；触碰后需及时洗手。

薰衣草

Lavandula angustifolia

茎插

最佳扦插期 ▼

| 1 | 2 | 3 | 4 | 5 | 6 | 7 | 8 | 9 | 10 | 11 | 12 |

▲
最佳移植期

春季，剪取未开花的新生茎秆顶梢（仍为绿色），截成8～10厘米作为插穗。

将插穗插入温床内的沙壤里并加盖透明塑料薄膜。按照此方式养护直至冬末。在春季将其移植入园。

薰衣草喜光照充足，喜干燥土壤，甚至是贫瘠和富含钙质的土壤。每年花期过后或在春季进行修剪整枝，以保持植株半球形的株形。薰衣草主要以扦插繁殖为主，既可以保留母本的优良品质又可在短期内培育出大量的幼苗，适宜花径丛植或条植，也可替换老化的植株。

在8～9月也可以采集更长的插穗（15～20厘米）以完全相同的方式扦插。

★★★★

薄子木属植物

Leptospermum

茎插

| | | | | | | | 最佳扦插期 ▼ | | | | |
|1|2|3|4|5|6|7|8|9|10|11|12|

最佳移植期 ▲

薄子木属植物喜温和的气候，在温暖的地区以外的地区，最好使用育苗箱栽培。该属植物喜生长于普通土壤中。扦插是完全重现薄子木属植物母株性状的唯一繁殖方法，可用于园林更新，例如，更换老化植株。

1

夏末，剪取当年生、半木质化的侧枝枝条。切掉顶端，将枝条缩短到10厘米长度作为插穗，并去除基部的部分叶片。

2

将枝条的基部伸入生根粉末中蘸取少许，随后种植于温床内，扦插入等量河沙和泥炭土配制的混合基质里。

3

在刚入冬落叶期过后，将生根的插穗换盆到由腐殖土（3/4）和河沙（1/4）配制的混合基质里。置于温床内并盖住幼苗助其免受霜冻、安全越冬。

春季，将花盆埋入园中并栽种2～3年，随后将新植株定植。

洋常春藤

Hedera helix

茎插		最佳扦插期 ▼									
1	2	3	4	5	6	7	8	9	10	11	12

1

初春，剪取幼枝顶梢或嫩枝枝段，截成10～15厘米长的作为插穗。去除基部的部分叶片。

扦插入盆，将插穗插入等量园土、河沙和泥炭土配制的混合基质里。放在室内窗玻璃前的暖和处（最佳温度18～20℃）。每盆插入3根穗条，以便之后获得一棵株型更加丰满的植株。

2

洋常春藤对土壤要求不严，能生长在各种普通的腐殖土中；在室内朝北或有遮阴的窗边位置生长旺盛。夏季炎热时喜于露天的树荫处。扦插是能够保留各个常春藤品种其叶形和花斑特征的唯一繁殖方法。

3

洋常春藤也可以扦插水培。插穗生根后可迅速换盆。

可在夏末（8～9月）进行扦插。然后在10月份换盆。

欧丁香

Syringa vulgaris

茎插

| 1 | 2 | 3 | 4 | 5 | 6 | 7 | 8 | 9 | 10 | 11 | 12 |

最佳移植期

夏季，欧丁香喜肥沃土壤，喜比较凉爽的环境。喜阳光充足或略遮阴。避免过度剪枝影响开花。扦插是完全重现欧丁香品种特性的唯一繁殖方法。

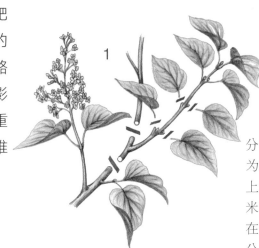

1

春季，剪取多分枝的嫩茎顶梢作为插穗。每根顶梢上有一段15～20厘米长度的侧枝，并在其基部保留一部分的主枝（插条）。

将插条伸入生根粉末中蘸取少许，随后种植于温床内，插入等量沙子和泥炭土配制的混合基质里。加盖透明塑料膜并放置在暖和处培育（最佳温度15～18℃）。

在秋季，将插穗移到填满盆栽土的花盆里栽种，整个冬季放置在温床内养护（最低温度5℃）。翌年春季，将花盆埋入园中并栽种2～3年，随后将新植株定植。

2

★★★

紫薇

灌木

Lagerstroemia indica L.

茎插

最佳扦插期
▼

| 1 | 2 | 3 | 4 | 5 | 6 | 7 | 8 | 9 | 10 | 11 | 12 |

▲
最佳移植期

夏季，从未开花且已硬化的新生侧枝上剪取茎秆顶梢，剪成15～20厘米长作为插穗。摘除基部的部分叶片并切去尖端。

将插穗种植于温床内，扦插入等量河沙和泥炭土配制的混合基质里。按照此方式培育直至冬末。

在春季，将插穗种在荫蔽处，夏季定期浇水保湿。按照此方式栽种1年，然后定植。

紫薇对寒冷天气很敏感。除了气候温和的地区，在其他地方需要将紫薇种植在朝南墙根，喜肥沃且黏性高的土壤（黏土比例高）。采用扦插繁殖可让新植株保留紫薇母株的优良性状，实现完全复制。

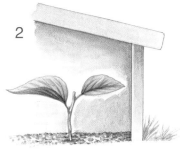

在12月进行根插扦插是可行的，操作过程见前面内容（见21页）。

亚麻

Linum

茎插

最佳扦插期 ▼

| 1 | 2 | 3 | 4 | 5 | 6 | 7 | 8 | 9 | 10 | 11 | 12 |

最佳移植期

在日照充足的条件下，在肥沃、排水良好，甚至钙质的土壤里，亚麻生长旺盛、开花繁茂。该植物生长速度快衰败得也快。扦插可快速繁殖出许多具有相同性状的幼苗，用以定期更新复壮，确保花丛始终生机盎然、繁花朵朵。

1

春季或夏季，剪取未开花的新生茎秆顶梢，将其截成6厘米长作为插穗。去除基部的部分叶片。

扦插入盆，将插穗插入河沙和泥炭土各半的混合基质中，放置在温床内培育。按照此种方式养护直到秋季。

2

3

10月，将生根的插穗直接种植到位。

冬季应注意湿度控制，尤其在种植的第一年要加强管理。

百合属植物

Lilium

鳞片扦插

1

夏季，用手剥开鳞茎，轻轻地掰下肥厚的外层鳞片。

2

将取下的鳞片放入一个透明的塑料袋中，将它们半埋在湿泥炭土和湿沙各半的混合基质中。不久，鳞片基部就会生根，生根后的鳞片会慢慢地长出珠芽。

园中生长的百合属植物喜轻质、排水良好且肥沃的土壤。但要注意钙质土壤它们不适合生长！它们喜欢在阳光充足和避风的环境下生长。通过扦插繁殖百合属植物，能够大规模地拷贝出您喜爱的品种，用以装饰花坛。

3

将每一片鳞片种进装有普通腐殖土的花盆里，刚好埋进基质。放置在荫蔽的室外场所。

在秋末，挖出珠芽并将珠芽从母株上脱离出来，将它们种植入园。种植后的第二个春季将会开花。

4

在生长期内，珠芽将会第一次长出叶子。

羽扇豆

Lupinus micranthus Guss

茎插

最佳扦插期 ▼

| 1 | 2 | 3 | 4 | 5 | 6 | 7 | 8 | 9 | 10 | 11 | 12 |

▲
最佳移植期

羽扇豆喜阳光，喜土质深厚的轻质土，只要不是钙质土壤，在各种类型的园土，甚至是干燥的土壤里均能生长。通过扦插可大规模地繁殖出具有相同性状的幼苗，用于片植或在带状花坛群体配植。

初夏，剪取当季新发的嫩枝顶梢，截成6～8厘米长的作为插穗。去除基部的部分叶片。

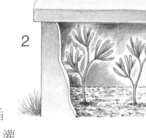

将插穗种植于温床内，插入由河沙(2/5)、泥炭土(2/5)和灌木腐叶土(1/5)配制的混合基质里。保持湿度并放置在暖和的地方培育（土壤温度15℃）。

在7月，将插穗换盆到等量河沙和灌木腐叶土配制的混合基质里，并放置在荫蔽处养护。

等到秋季将幼苗定植。

二乔玉兰

Magnolia x soulangeana

茎插

最佳扦插期
▼

| 1 | 2 | 3 | 4 | 5 | 6 | 7 | 8 | 9 | 10 | 11 | 12 |

最佳移植期
▲

1

夏末，剪取8～10厘米长的茎秆顶梢作为插穗。摘除基部的部分叶片。将插穗伸入生根粉末中。

二乔玉兰喜各种土质深厚、排水良好的园土，喜光。压条法是最常采用的繁殖方法，但生根速度非常缓慢（长达2年）。相比之下，扦插法可用更快的速度培育出更多的幼苗。

将插穗种进温床内，插入泥炭土和河沙各半的混合基质里并覆盖透明塑料膜。给插穗浇水以保持土壤湿润。整个冬季按照此方式培育。

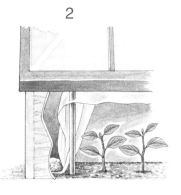

2

翌年春季，在没有任何霜冻危险的情况下，将插穗直接栽种到位，植入园中。

十大功劳

Magnolia fortunei

茎插

| | 1 | 2 | 3 | 4 | 5 | 6 | 7 | 8 | 9 | 10 | 11 | 12 |

最佳扦插期 ▼（8～9）

最佳移植期 ▲（10）

十大功劳喜半遮阴的环境，喜夏季凉爽的普通土壤。扦插法是繁殖该植物最为快速的繁殖方法，能生产出大量的幼苗，常用于园林绿化，例如，营造一道防护性的树篱。

夏末，剪取一些非常坚硬的侧枝，截成5～10厘米的长度作为插穗。切去每片叶子的一半面积（分成小叶）和枝条顶端。

将枝条基部伸入生根粉末中蘸取少许，然后扦插在温床内（最佳温度18～20℃），生根后植入沙壤中。

在冬季来临之前，将插穗换盆到泥炭土和河沙的混合基质中，放置在微凉的地方，直至春季（最佳温度10～12℃）。

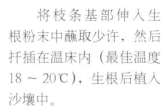

在春季，将新植株种植到荫蔽处，种进轻质土壤中栽培1～2年，随后定植。

★

大萼金丝桃

Hypericum calycinum

茎插

最佳扦插期
▼
1　2　3　4　5　6　[7]　8　[9]　10　11　12
▲
最佳移植期

夏季，剪取一些已充分硬化且未开花的侧枝顶梢作为插穗。摘除基部的部分叶片并切去顶端。

扦插入盆，将插穗植入河沙和泥炭土各半的混合基质里，放置在温床内，覆盖透明塑料薄膜。

在9月份给生根的插穗换盆，将它们放在室内凉爽的地方（最佳温度10℃）。

大萼金丝桃是一种易于种植的植物，耐光照也耐半阴，喜生长在各种品质良好的园土中。扦插可快速繁殖出许多幼苗。通过采取这种方法，可以低成本让一片贫瘠的山坡开满鲜花。

翌年春季，将大萼金丝桃的幼苗栽种到最终的位置。

紫露草

Tradescantia ohiensis

茎插

最佳扦插期：全年

| 1 | 2 | 3 | 4 | 5 | 6 | 7 | 8 | 9 | 10 | 11 | 12 |

紫露草对土壤要求不高，在普通的腐殖土中可正常生长，喜全年适度浇水和光照充足。夏季更偏爱于户外生长。繁殖紫露草多采取扦插法，这是唯一一种可以重现母株性状的繁殖方法。

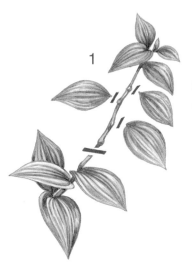

1

剪取一些10厘米长的新生茎秆顶梢作为插穗，去除基部的部分叶片。

2

将处理过的插穗扦插入盆，插入泥炭土和河沙配制的混合基质里，每盆栽穗5～6根。放置在暖和的地方并注意适度浇水。

也可以进行扦插水培：当插穗生根后，将植株迅速换盆到普通腐殖土里种植。

3

一旦插穗恢复生长，剪去顶端以促萌生新枝。

金鱼草

Antirrhinum majus L.

茎插

夏季，剪取一些未开花的茎秆顶梢，截成8～10厘米的长度作为插穗。摘除基部的部分叶片。

将插穗种进瓦钵，插入河沙和泥炭土各半的混合基质中，加盖园艺钟形罩。

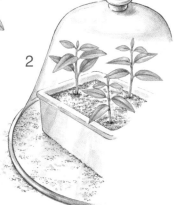

尽管金鱼草为多年生植物，但因这种花卉在其所在纬度具有中度广适性，常作一年生或二年生栽培。通过扦插可获得许多优质幼苗，比春播苗生长健壮、开花茂盛。

秋季，将植株换盆到以相同比例的泥炭土、河沙和腐殖土制成的混合基质中。放在室内凉爽的地方（最佳温度10℃）。当幼苗长出4～5片叶子时，剪去顶端。

等到翌年春季就将植株栽种到花坛里。

★★★

构树

Broussonetia papyrifera

茎插

最佳扦插期 ▼

| 1 | 2 | 3 | 4 | 5 | 6 | 7 | 8 | 9 | 10 | 11 | 12 |

▲
最佳移植期

构树对土壤要求不严，能在各种园土中茁壮生长，抗污染性强。喜高温。在冬季严寒的地区，将其栽种到荫蔽的场所。扦插法是唯一能够保留构树母株优良性状的繁殖方法。

在落叶期之后，剪取一些10～15厘米长的侧枝作为插穗，在其基部保留部分茎段（插条）。截去尖端几厘米长度。

将插穗植入育苗箱，扦插入河沙和泥炭土各半的混合基质里，防寒养护（最佳温度10℃）。早春时放置在温床内并注意遮荫，以防太阳直射导致其干枯。

翌年春季，等到插穗生出幼枝和新叶（生根良好的迹象），就将其栽种到最终的位置。

构树为强阳性树种，为了经受冬季的严寒，夏季生长期间需要汲取大量的热量；因此，在选择构树的栽种场所时需要考虑这一特点。

心叶牛舌草

Brunnera macrophylla

根插

1 2 **3 4** 5 6 7 8 9 10 **11** 12

最佳移植期

最佳扦插期

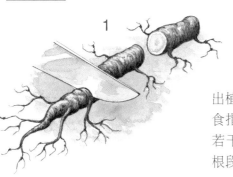

秋季，小心挖出植物的根部，并将食指粗细的根系剪成若干3～5厘米长的根段作为插穗。

将根段扦插入盆，埋进腐殖土和河沙各半的混合基质里，放置在荫蔽处培育（最佳温度10℃）。在3月份，等到新的叶片生出就将插穗换盆到相同成分的混合基质中并置放在温床内养护。

5月，将幼苗栽种到最终的位置。

繁殖心叶牛舌草也可以采取播种法培育出大量的新苗，但具有一定的随机性。播种后，当植物适应所处的生长环境时就会自然生长。

心叶牛舌草属多年生植物，开出的花朵与勿忘我的花型非常相似。夏季适宜生长在土层深厚且凉爽的土壤环境里。采取扦插法可拷贝出大量的新苗，能为您的庭院铺上一层美丽的鲜花地毯。

★★★★

高丛蓝莓

Vaccinium corymbosum L.

茎插

最佳扦插期

| 1 | 2 | 3 | 4 | 5 | 6 | 7 | 8 | 9 | 10 | 11 | 12 |

最佳移植期

高丛蓝莓仅在酸性（pH 3.5 ~ 5）和夏季凉爽的土壤环境里茁壮成长。生长期内使用稻草覆盖其基部。高丛蓝莓适宜栽种在阴凉或半阴，尤其是能避强风的环境下，因为强风会使植株干枯。扦插是一种能够拷贝母株性状的繁殖方式，生产出的幼苗具有多种用途，例如适用于更新或装饰灌木丛。

1

秋季，剪取上一季生长的（棕色）茎秆顶梢（20厘米长）作为插穗；不要选用侧枝。摘除部分叶片。

将插穗基部蘸取少许生根粉末，随后将插穗插入装满河沙（1/3）和灌木腐叶土（2/3）的盆中种植。

2

3

将花盆放置在花园里的遮蔽处并盖上钟形罩培育。

在定植入园之前，盆内栽培2年。

★★★

灌木

南天竹属植物

Nandina

茎插

							最佳扦插期 ▼				
1	2	3	4	5	6	7	8	9	10	11	12

▲
最佳移植期

1

夏末，剪取一些非常坚硬的侧枝，截成10～15厘米长作为插穗，在其基部保留2～3厘米的主枝部分（插条）。从灌木的最底部采集这些插穗。摘除基部和枝条顶端的部分叶片。

将插穗种进温床内，插入河沙和泥炭土各半的混合基质里培育。冬季，监测插穗和基质温度（最低温度5℃）。

春季，插穗生根，将成活的植株移栽到花园荫蔽角落处掺有河沙的土壤里。

定植之前，将南天竹属植物栽种在荫蔽的角落处养护2年。

南天竹属植物喜肥沃、非石灰质土壤。忌寒冷天气，在冬季，在寒冷地区需采取防护措施保暖避寒。该属植物喜阳光，耐微阴。扦插是重现南天竹属母株性状的唯一繁殖方法。

欧榛

Corylus avellana L.

茎插

| 1 | 2 | 3 | 4 | 5 | 6 | 7 | 8 | 9 | 10 | 11 | 12 |

最佳扦插期

最佳移植期

欧榛能适应多种土壤,甚至是钙质土,但以微酸性土壤为最佳。喜光植物,在光照充足的环境下开花更为繁茂,也耐微阴。繁殖欧榛可采取不同的方法,其中扦插法能够快速培育出大量的原生品种苗。

在秋季落叶期过后,剪取一些非常坚硬的枝条顶梢(棕色),截成20厘米长度。挑选铅笔粗细的枝条作为插穗。

将插穗的切面部分伸入生根粉末中蘸取少许,随后将它们埋进湿沙和湿泥炭等量配制的混合基质,仅把1~2个侧芽露在土壤外面。

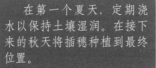
在第一个夏天,定期浇水以保持土壤湿润。在接下来的秋天将插穗种植到最终位置。

石竹属植物

Dianthus L.

茎插

| 1 | 2 | 3 | 4 | 5 | 6 | 7 | 8 | 9 | 10 | 11 | 12 |

最佳扦插期

最佳移植期

秋季，剪取一些未开花的侧枝，截成8～10厘米长作为插穗。在同母树分离的时候应朝下方撕取侧枝，使其基部带上少许主枝的表皮（呈踵状）。去除基部的部分叶片。

石竹属是一种喜阳光充足和干燥土壤的花卉，最怕潮湿，要求排水良好的壤土。通过扦插繁殖培育出大量与母株性状相同的幼苗，可低成本制作景观地被、点缀草坪边缘。

将插穗扦插入盆，植入河沙和泥炭土各半的混合基质中。放置在温床内并注意温度。当温度降到10℃以下的时候，将植株移入保暖防寒处养护。

在春季，将石竹属植物种植到花园里的最终位置。

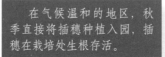

在气候温和的地区，秋季直接将插穗种植入园，插穗在栽培处生根存活。

康乃馨

Dianthus caryophyllus

茎插

最佳扦插期 ▼

| | 1 | 2 | 3 | 4 | 5 | 6 | 7 | 8 | 9 | 10 | 11 | 12 |

▲ 最佳移植期

切花康乃馨需要在阳光充足的环境下生长使其夏季开花繁茂。像所有石竹属植物一样，康乃馨忌潮湿。通过扦插能够无限量地（或几乎无限量地）培育出各种形状和颜色的花朵。

1

将踵伸入生根粉末中蘸取少许，随后将插穗栽种在花园里的荫蔽处，其基部埋入河沙和泥炭土的混合基质。盖上钟形罩培育。

夏末，小心地剪取一些8～10厘米长的未开花的侧枝作为插穗，在切取枝条时最好带踵切下，保留一部分主枝（呈踵状）。去除部分叶片。

2

3

1个月后生根，将成活的幼苗换盆到轻质腐殖土里（腐殖土和泥炭土的混合物）。整个冬季放置在温床内养护。

在春季（3～4月），将康乃馨种植到最终位置。

★★★

树紫苑属植物

Olearia

茎插

最佳扦插期

1　2　3　|4　5|　6　7　8　|9|　10　11　12

最佳移植期

秋季，剪取已硬化的侧枝顶梢，截成10厘米长作为插穗。摘除基部的部分叶片并切去插穗尖端。

扦插入盆，将插穗植入河沙(2/3)和泥炭土(2/3)配制的混合基质。整个冬季放置在光线充足的地方养护（最佳温度10℃）。

春季，将插穗换盆到腐殖土中，盆栽1年后定植。

在等待插穗恢复生长（新叶片）的过程中切勿急躁，要有足够的耐心：因为树紫苑属植物的生根速度非常缓慢。

树紫苑属植物适宜栽种在阳光充足、有墙体遮挡的地方，因为寒冬期的低温天气对植物可能造成损害。在冬季严寒的地区同样需要采取避寒措施保证植物安全越冬。树紫苑属植物喜生长在各种园土里，甚至是干燥的土壤。通过扦插繁殖可以快速培育出大量的幼苗，用以园林绿化，例如营造一道树篱。

墨西哥橘

Choisya ternata

茎插

| | | | | | |最佳扦插期| | | | | |
|1|2|3|4|5|6|7|8|9|10|11|12|

最佳移植期

墨西哥橘在温暖的地区具有广适性，但在寒冷的北方，如果遇到寒冬霜冻的天气，植株可能会遭受侵害。应将其栽种在荫蔽的地方。墨西哥橘喜生长在普通的壤土里，喜光或半阴。采取扦插繁殖可以培育出大量的幼苗，适用于园林绿化，例如建造一道花篱或装饰花坛。

夏季，剪取一些新生（浅绿色叶片）但是硬化的茎秆顶梢，将其截成8～10厘米长的作为插穗。摘除部分叶片并切去枝条尖端。

将插穗种进温床内（最佳温度18℃），插入河沙和泥炭土各半的混合基质内并覆盖塑料薄膜培育。

一旦插穗生出新叶，就将存活的植株换盆到排水良好的土壤里栽种。在4—5月，将花盆埋在花园里。

盆内栽种1～2年，然后定植。在寒冷的北方，冬季需要保护植物免受寒潮侵袭。

虎眼万年青属植物

Ornithogalum

鳞片扦插

最佳扦插期

1　2　**3**　**4**　5　6　7　8　9　10　11　12

最佳移植期

春季，挑选健壮无病害的虎眼万年青属植物的鳞茎，小心掰下外层的肥厚鳞片备用。

将取下的鳞片放入一个透明的塑料袋中，将它们半埋在泥炭土和河沙各半的混合基质内。十几天之后，鳞片基部就会生根，生根后的鳞片会慢慢地长出珠芽。

将每一片鳞片种进装有普通园土的花盆里，一定要将鳞片的尖端朝上，刚好埋进培养基质内。放置在有遮蔽的室外场所。生长期内，珠芽将会第一次长出叶子。

虎眼万年青属植物的花期一般在每年炎热的夏季。应将其栽种在阳光充足和有遮蔽的环境中，种进轻质壤土里。繁殖虎眼万年青属植物可采取播种法，但是扦插法可用更快的速度拷贝出能够开花的植株。

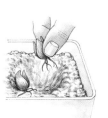

秋末，挖出珠芽并将珠芽从母株上脱离出来，将它们种植入园。种植后的第二个春季将会开花。

景天属植物

Sedum

叶插

景天属植物对土质要求不严，仅需排水性能良好；它们甚至可以忍受夏季的高温干旱。景天属植物适宜生长在花园或阳台上的花箱等处。扦插是唯一种既能保持母株性状又可培育出大量幼苗的繁殖方法，可用作镶边植物，可低成本种植出雅致的花带。

1

春季，剪取健壮成熟、结构完整且健康的叶片备用。

景天属植物繁殖也可用茎段扦插，剪取未开花的茎秆顶梢以相同的方式扦插。

将它们放置在阴凉处干燥几天，以便叶疤上结痂，伤口充分愈合。

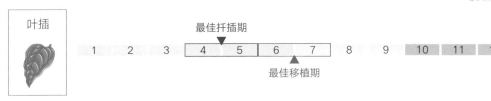
2

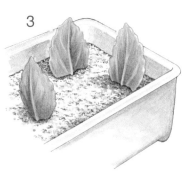
3

将叶片插入育苗箱内的河沙和泥炭上混合培养基质中，叶基部浅埋入基质内。当叶基部生出新叶时，带基质起苗，将植物移栽到花畦（盆）中。

柊树

Osmanthus heterophyllus

茎插

在秋季，剪取一些10～12厘米长的非常坚硬的侧枝，在其基部保留一部分主枝段（插条）。摘去下部的部分叶片并切除顶端。

将插条部分伸入生根粉末中蘸取少许。随后种进温床内（适宜温度15～18℃），插入可沙和泥炭土各半的混合基质中。覆盖透明塑料膜培育。

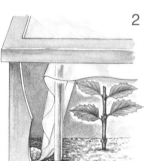

6～8周后，将生根的插条换盆移栽到腐殖土中，并且整个冬季需要放置在有遮蔽的场所养护（适宜温度10～15℃）。

柊树可在普通土壤中正常生长，但在微遮阴的环境下更为理想。冬季应注意土壤的湿度：其根部忌涝，土壤不宜过湿，否则容易引起根部腐烂。扦插法能够培育出大量的幼苗，可以低成本建造一道难以通过的树篱。

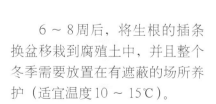

等到翌年秋季将植株种到花园的荫蔽角落，按照此方式至少栽种2年随后定植。

鸡蛋果

Passiflora edulis

茎插

最佳扦插期
1 2 3 4 5 6 7 8 9 10 11 12
最佳移植期

鸡蛋果在法国南部地区具有广适性，因此通常栽种在玻璃房或室内。普通的腐殖土、充足的光照以及充足的水分均是鸡蛋果在夏季茁壮生长必不可少的条件。尽管繁殖该植物可采取播种法，但扦插繁殖能快速培育出具有相同性状的幼苗。

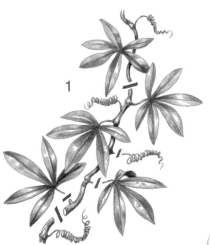

1

在春季，剪取一些未开花、略硬的茎秆顶梢，将其截成10 ~ 15厘米，作为插穗。去除大多数叶片，仅保留2片。

2

将插穗扦插入盆，植入湿河沙和湿泥炭土各半的混合基质中。罩上透明塑料袋并放置在暖和的地方（适宜温度20 ~ 25℃）。

当插穗生根，移走塑料袋并放置在光照充足的地方。

3

当植株明显恢复生长时，移栽到腐殖土和灌木腐叶土混合的培养基质中养护。

泡桐属植物

Paulownia

根插

| 1 | 2 | 3 | 4 | 5 | 6 | 7 | 8 | 9 | 10 | 11 | 12 |

最佳移植期

1

在秋季，选择生长健壮、无病虫害的母树，小心地掘出粗直径且带有许多细根（须根）的树根。将其切成若干6～8厘米长的根段作为插穗。

将根段平置在河沙和泥炭土各半的混合基质上。放在暖和的地方（适宜温度18～20℃）并盖上一层基质进行遮光处理。

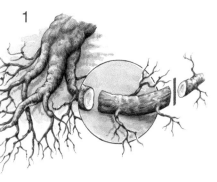

2

泡桐属植物不宜生长在通透性差的土壤里（水分过多且被压得太紧实），但它们耐污染，耐海浪冲击。切勿徒劳或是过度地修剪植株：泡桐属植物为速生树种，适时进行整形修剪，能促进植株生长，相反，过度修剪会导致植株受损。扦插繁殖可以快速培育出大量的幼苗。

3

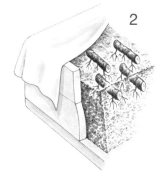

2月份，将育苗箱放置在光线充足并始终保持高温的环境下（适宜温度15～18℃）。不久，根段就会长出新叶片。

当植株恢复生长时，春季，将插穗栽种到荫蔽的角落处至少养护1年，随后定植。

鬼罂粟

Papaver orientale

根插

| 1 | 2 | 3 | 4 | 5 | 6 | 7 | 8 | 9 | 10 | 11 | 12 |

最佳扦插期

最佳移植期

　　鬼罂粟喜轻质土壤，这种土壤能让其深深扎根、生长旺盛。在阳光充裕的环境下，植株将会开花繁茂、鲜艳美丽。因其根茎脆弱，宜栽种在避风的场所。繁殖鬼罂粟通常采取播种法，但是扦插繁殖是培育具有相同性状的花朵的唯一途径。

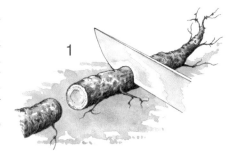

1

　　将根段的形态下端朝上，以大约45°斜埋于河沙和泥炭土各半的混合基质里。放置在温床内培育直至2月份，随后将育苗箱放回暖和的地方（最佳温度20℃）。

从2月份开始，将插穗放在高温的环境下以加速生根。

在花期过后，小心地掘出足够粗壮的鬼罂粟根（直径手指粗细），并切成若干3～5厘米长的根段。

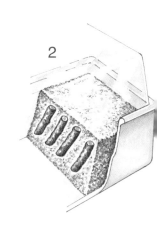

2

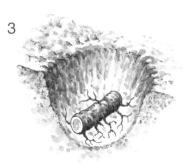

3

　　一旦埋入培养基质内的根段上生出许多根系，就将新植株种植入园。

草胡椒属植物

Peperomia

叶插

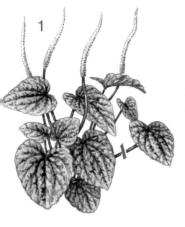

最佳扦插期
▼

| 1 | 2 | 3 | 4 | 5 | 6 | 7 | 8 | 9 | 10 | 11 | 12 |

▲
最佳移植期

1 春季，剪取一些带3厘米长叶柄、发育良好且健康的叶片作为插穗。

扦插入盆，将叶柄直至叶基部全部埋入河沙和泥炭土各半的混合基质中。

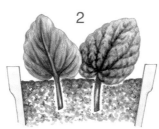
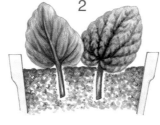

培育期间保持少量浇水直至插穗基部长出嫩叶。将这些幼苗移栽到由腐殖土、泥炭土和河沙相同比例配制的混合基质中养护。

草胡椒属植物对土壤的要求不严，在保持谨慎浇水（每周不超过两次）以及一年四季光照柔和的条件下，盆栽种植将会生长茁壮。扦插繁殖是在现有的气候环境下培育该属植物的唯一方法。

将新采集的插穗放在始终湿润的黏土球托盘里，以确保合适的湿度。

★★★

南白珠属植物

Pernettya

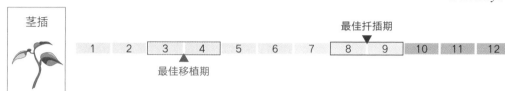

茎插

最佳扦插期

| 1 | 2 | 3 | 4 | 5 | 6 | 7 | 8 | 9 | 10 | 11 | 12 |

▲ 最佳移植期

南白珠属植物是一种小型灌木，在秋冬季枝头挂满粉红色或白色的浆果，色泽鲜艳，观赏性高，该属植物仅适宜生长在酸性土壤（灌木腐叶土）和微遮阴的环境下。扦插繁殖可以快速培育出许多具有相同性状的幼苗。

1

夏末，剪取一些未开花、已非常坚硬的侧枝顶梢，将其截成8～10厘米长，作为插穗，摘除基部的部分叶片并切除插穗的尖端。

将插穗基部浸入生根粉末中，随后插进温床内的细泥炭土里，既不能太湿又不可压得过于紧实。整个冬季均按照此方式进行养护。

2

春季，将生根的插穗栽种在花园荫蔽处的轻质土中。等到秋季进行定植。

★★★

灌木

分药花属植物

Perovskia

茎插

最佳扦插期 ▼

| 1 | 2 | 3 | 4 | 5 | 6 | 7 | 8 | 9 | 10 | 11 | 12 |

▲ 最佳移植期

春末夏初，剪取一些10厘米长的侧枝作为插穗。摘除基部的部分叶片并切去顶端。

将插穗种进荫蔽的温床内，插入河沙和泥炭土各半的混合基质中，并且在培育初期需要浇少量水，避免腐根。整个冬季按照此方式进行养护并监测温度（适宜温度5～10℃）。

春季，种进花盆养护，并在翌年冬季，将花盆置于温床内养护。

盆内栽种1年，随后定植。

分药花属植物喜轻质、沙质且干燥的土壤，喜阳光充足的环境。冬季应避免基质过度潮湿，否则会影响植株的正常生长。繁殖分药花属植物可采取扦插法，这是最为快速的繁殖方法，能够大规模培育出具有相同性状的幼苗，可作用于园林绿化，例如建造一道蓝色和灰色的树篱。

杨属植物

Populus

茎插

| 1 | 2 | 3 | 4 | 5 | 6 | 7 | 8 | 9 | 10 | 11 | 12 |

杨属植物喜光照充足的环境，喜供水性好的土壤，但忌水涝。繁殖该属植物可采取扦插法培育出大量的幼苗，以低成本建造一道防风篱。杨属植物的生长速度很快。

1

早春，剪取一些铅笔粗细的枝条，截成20～25厘米长，作为插穗。剪去顶端几厘米。

将插穗立即栽种到最终定植的位置，至少一半枝条埋入基质内。新叶长出，即意味着插穗存活生根。

2

在插穗生根后的前两个夏季，应给植株定期浇水并在土壤上覆盖一层稻草。

★★

蔓绿绒

Philodendron melanochrysum

茎插

最佳扦插期 ▼

| 1 | 2 | 3 | 4 | 5 | 6 | 7 | 8 | 9 | 10 | 11 | 12 |

▲ 最佳移植期

1

早春，选取蔓绿绒植株上的一些不太柔软的茎秆顶梢。在节点下方处剪取8～10厘米长度的茎段作为插穗。摘除基部的部分叶片。

扦插入盆，将插穗插入河沙和泥炭土各半的混合基质里。放置在暖和的地方（最佳温度25℃）。幼芽萌发后，将新植株换盆到腐殖土和灌木腐叶土的混合基质中栽培。

2

蔓绿绒在富含腐殖质的微酸性土壤中生长状态更佳；换盆时在培养基质中掺入一些灌木腐叶土。室内养殖时，应将其摆放在光线充足处，并定期浇水且偶尔清洁叶片。繁殖蔓绿绒通常采取扦插法，这是在我们的气候环境下培育幼苗的唯一方法。

如果将新采集的插穗摆放在强烈的光照环境下，插穗的生长速度将会更快。例如放置在朝南或朝西南方向的、带有纱窗帘的窗户附近。

木糙苏

Phlomis fruticosa

茎插

最佳扦插期▼

1　2　3　4　5　6　7　8　9　10　11　12

▲
最佳移植期

木糙苏喜阳光充足，也耐半阴，在土质深厚、夏季凉爽的普通土壤中生长旺盛。尽管分株法是繁殖木糙苏最常用的方法，但是扦插法可快速培育出大量的幼苗，可用于园林绿化，例如组成大片的花丛。

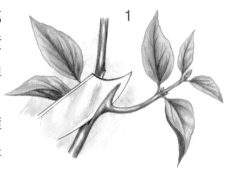

1

扦插入盆，将插穗插入河沙（2/3）和泥炭土（1/3）的混合基质中。整个冬天都放置在荫蔽的环境下养护（适宜温度10～12℃）。

秋季，采集未开花的侧枝顶梢，将其截成6～8厘米长，作为插穗，使其基部带有主枝上的一部分表皮（呈踵状）。

2

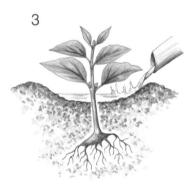

3

在春季，将插穗植入花园里，种到排水良好的土壤中，在移栽的时候切记勿去除育苗块裸根。

整个夏季定期浇水以促使插穗生长良好。

天蓝绣球

Phlox paniculata

根插

| 1 | 2 | 3 | 4 | 5 | 6 | 7 | 8 | 9 | 10 | 11 | 12 |

▲
最佳移植期

1

冬季，小心挖掘天蓝绣球的根并将其剪成若干粗壮、3～5厘米长的小段。清理根部土壤。

将根段平置在育苗箱内湿泥炭和湿沙各半的混合基质上。放在防寒保暖的地方培育（最佳温度12℃）。

2

天蓝绣球在肥沃、中性或微酸性且夏季凉爽的土壤中生长更佳。宜栽种在阳光充足的地方。繁殖天蓝绣球最常使用分株法，但扦插法能快速地培育出大量的幼苗。

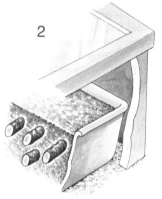

3

春季，将生根的插穗栽种到最终的位置。

也可以直接将根段种植入园，但插穗生根和幼苗生长的过程会更加漫长。

石楠

Photinia serratifolia

茎插

最佳扦插期

| 1 | 2 | 3 | 4 | 5 | 6 | 7 | 8 | 9 | 10 | 11 | 12 |

最佳移植期

　　石楠喜沙质、夏季凉爽、轻质且酸性的土壤，宜生长在光照充足和避风的环境下。采取扦插法繁殖石楠能快速培育出许多具有相同性状的幼苗，作用于园林绿化，例如以低成本营造一道彩色的树篱。

1

　　夏末，剪取一些已硬化的侧枝，将其截成15～20厘米长，作为插穗，采集插穗时在其基部带上一部分主枝的表皮（呈踵状）。摘除部分下部叶片并切去尖端。

　　将插穗扦插入迷你温室内，种进河沙(2/5)、泥炭土(1/5)和灌木腐叶土(2/5)混合的培养基质中。冬季放置在有遮蔽之处防寒保暖（适宜温度10～12℃）。

2

3

　　春季，将生根的插穗种植到花园里有遮蔽的地方。

冬季给插穗覆盖一层厚厚的枯叶以保护植株安全越冬，在园中栽种2年随后定植。

昙花属植物

Epiphyllum

茎插

最佳扦插期

| 1 | 2 | 3 | 4 | 5 | 6 | 7 | 8 | 9 | 10 | 11 | 12 |

最佳移植期

1

春季，使用消毒后（放在酒精上燃烧）的小刀，在关节点截取茎秆顶梢作为插穗。放于通风良好处晾晒3天左右，让伤口充分干燥。

2

将插穗插入微湿的河沙(2/3)和泥炭土（1/3)制成的培养基质中，深度不可太深，刚好埋在插穗基部。

3

给生根的插穗换盆，移栽到园土、腐殖土和河沙的混合基质里养护。

由于插穗还没有生根，所以需要严格控制水量，浇水要少，保持盆土湿润环境即可。

与大多数仙人掌科植物不同，昙花属喜潮湿和光线昏暗的环境。繁殖该属植物可以采取播种法，但遗传稳定性差；若要保留母株的优良品质可以采取扦插繁殖，扦插是重现母株性状的唯一繁殖方法。

冷水花属植物

Pilea

茎插

最佳扦插期

1　2　3　4　**5**　6　7　8　9　10　11　12

冷水花属植物是一种生长十分强健的植物，每年需换盆一次，移栽到腐殖土、灌木腐叶土和花园土混合的培养基质中。喜微湿润的环境，因此要定期适量浇水，避免土壤太干燥但不能过于潮湿，并放置于暖和的地方，全年温度在18～22℃。繁殖冷水花属植物多用扦插方法，这是现有气候条件下的唯一繁殖方法。

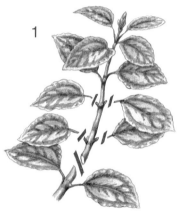

春季，剪取10厘米长的新生茎秆顶梢作为插穗。摘除基部的部分叶片。

将插穗插入泥炭土(2/3)和河沙(1/3)混合的培养基质中，每盆栽入插穗5～6根。放置在暖和的地方并适量浇水。

一旦插穗恢复生长（长出新叶），就剪去尖端以促萌发新枝。

定期扦插冷水花属植物以保证源源不断的繁殖新苗，因为这是一种老化速度极快的植物（叶片褪色，活力弱）。

★★★

海桐

Pittosporum tobira

茎插

最佳扦插期

| 1 | 2 | 3 | 4 | 5 | 6 | 7 | 8 | 9 | 10 | 11 | 12 |

最佳移植期

1

夏季，剪取已经硬化的侧枝顶梢作为插穗。摘除基部的部分叶片并切除插穗的尖端。

2

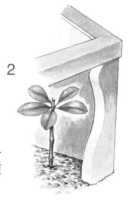

将插穗种进温床内，插入河沙和泥炭土各半的混合基质中（最佳温度18～20℃）。

可将其种在有阳光，有遮蔽的环境下——尤其是在气候温和以外的地区，宜生长在排水良好且肥沃的土壤中。同样也可箱装栽培。繁殖海桐可采取扦插法，能够大规模培育出具有相同性状的幼苗，可用于园林绿化，成本较低，植于花径两侧，可形成一条条的绿化带。

3

秋季，将生根的插穗（带有新叶）移栽到装有腐殖土的花盆里并且整个冬季放置在温床内养护（最低温度5～10℃）

翌年春季，将花盆埋在花园里并栽种1年，随后定植。

悬铃木属植物

Platanus

| 茎插 | 最佳扦插期 | | | | | | | | | | | 最佳扦插 |

1 2 **3** 4 5 6 7 8 9 10 11 **12**

最佳移植期

悬铃木属植物极具有很强的广适性和耐污染性。虽然它能适应多种类型的土壤,但以土质深厚、肥沃、排水良好和夏季凉爽的土壤最为理想。采取扦插法繁殖能够培育出株型略小的树木,更适合于栽种在城市里的花园庭院里。

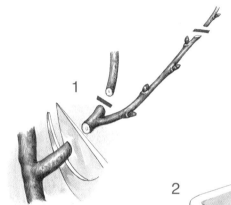

将插穗种进育苗箱内的沙壤里,几乎全部埋入基质内,并且整个冬季放置在室外的朝北墙根养护。

在落叶期之后,剪取一些15 ~ 20厘米长的侧枝作为插穗,同时在其基部保留一部分的主枝(插条)。切除几厘米的顶端。

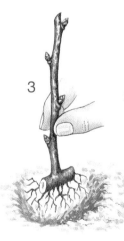

春季,将生根的插穗种植到最终的位置。

选择基部是2年生的(皮色更深)生长健壮的枝条扦插。

香茶菜属植物

Plectranthus

茎插

最佳扦插期

▼

| 1 | 2 | 3 | 4 | 5 | 6 | 7 | 8 | 9 | 10 | 11 | 12 |

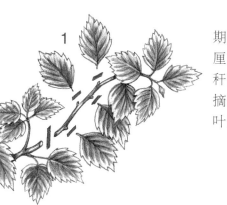

在整个生长期内，剪取4～8厘米长的新生茎秆顶梢作为插穗。摘除基部的部分叶片。

扦插入盆，将插穗插入泥炭土和和河沙各半的混合基质里，每盆栽种3～4根插穗。放置在暖和的地方（最佳温度20℃）并适量浇水。一旦扦插恢复生长（出现新的叶片），就切去其尖端以促萌发分枝。

香茶菜属植物喜于生长在普通的腐殖土里，喜光照充足和湿润的环境，需要经常浇水（夏季每2天浇水一次）。夏季放在室外养护；这种植物与许多一年生花卉一样适用于园林景观。采取扦插方法能够获得大量的幼苗更新老化的植株或是以低成本点缀庭院。

应经常扦插繁殖香茶菜属植物以保证更新复壮；老化的植株会慢慢落叶。

剑叶龙血树属植物

Pleomele

茎插

最佳扦插期
1　2　3　4　5　6　7　8　9　10　11　12
最佳移植期

剑叶龙血树属植物在高温且光线充足的环境下生长良好。每年春季应换盆到多孔的酸性基质（与腐殖土、灌木腐叶土、河沙和泥炭土混合一起）。扦插繁殖是在我们的气候条件下繁殖该属植物的唯一方法。

1

春季，剪取若干10多厘米长的茎段作为插穗。从顶生插穗的基部摘除部分叶片。

2

将切口面蘸取生根粉末，随后扦插，将顶生的插穗种进泥炭土和河沙各半的混合基质里；罩上透明塑料袋并放置在暖和的地方养护（最佳温度25℃）。

以同样的方式准备带有侧芽的茎段插穗，将它们横置于混合基质的表面。

3

也可以使用15～20厘米长并且带有1～2个芽（茎部的隆起部分）的茎段作为插穗；随后将它们垂直插入混合基质中培育。

一品红

Euphorbia pulcherrima

茎插

最佳扦插期

| 1 | 2 | 3 | 4 | 5 | 6 | 7 | 8 | 9 | 10 | 11 | 12 |

最佳移植期

1

2月份，剪取修剪过后新发的侧枝嫩梢。如果将一品红植株放置在暖和处，将会萌发更多的嫩芽（最佳温度20～25℃）。摘除基部少数叶片。

2

一品红喜肥沃、排水良好的土壤：在换盆移栽时加入河沙、花园土和堆肥。将其放置在光照充足的地方养护，但需避免阳光直射。可利用花期之后的修剪整形获取插穗进行扦插：这是完全重现母株性状的唯一繁殖方法。

将插穗的切口面伸入生根粉末中蘸取。扦插于泥炭土和河沙各半的混合基质里，罩上透明的塑料袋，放置在暖和的地方（最佳温度25℃）。

　　一品红的根系脆弱：最好将其插穗扦插于镂空的花篮里培育。切记在换盆之前，当插穗生出新芽就挖出植株，这将是徒劳的，这时的植株根系还未长好。

圆叶福禄桐

Polyscias balfouriana

茎插

最佳扦插期

1　2　3　4　5　6　7　8　9　10　11　12

最佳移植期

圆叶福禄桐这种小型的室内灌木喜光线明亮的环境，怕室外强烈阳光的直射，否则会因温度过高而导致叶片烧焦。5—10月，每2天浇一次水并且定期用与室温相近的水向植株喷洒。我们所处的纬度位置决定了圆叶福禄桐的繁殖只能依靠扦插法繁殖。

一旦插穗恢复生长（出现新的叶片），就去掉塑料袋。然后将它们移植到由园土、腐殖土和泥炭土以相同比例混合的培养基质中。切去尖端以促使萌发分枝。

春季，剪取6～10厘米长的新生茎秆顶梢作为插穗。摘除基部的部分叶片。

扦插入盆，将插穗插入泥炭土和河沙各半的混合基质中。放置在暖和的地方（最佳温度18～20℃）并给植株套上透明塑料袋培育。

坚持一个星期每天揭开塑料袋，逐步增加植株裸露在外的时长。

金露梅

Potentilla fruticosa

茎插

最佳扦插期 ▼

| 1 | 2 | 3 | 4 | 5 | 6 | 7 | 8 | 9 | 10 | 11 | 12 |

▲ 最佳移植期

初夏，剪取已经硬化的侧枝，截成8～10厘米长度作为插穗，采集时在其基部需保留2～3厘米的主枝部分（插条）。摘除部分下部叶片并切去尖端。

将插穗种进温床内，插入泥炭土和河沙各半的混合基质中。如果插穗恢复生长，应打开温床并放置在遮阴处以降低周围的温度。整个冬季置于温床内培育（最低温度5℃）。

翌年春季，将插穗种植到花园里的荫蔽角落处并养护1～2年，随后将金露梅植株栽种到最终的位置。

也可以在3月份扦插入冬前采集的、在室外越冬的枝条。

金露梅生性强健，对土壤要求不严，可在各种排水良好的园土里正常生长，耐瘠薄。喜光，宜栽种在阳光充足的环境下。繁殖金露梅可采取播种法，但是扦插繁殖能够大规模地培育出性状相同的幼苗。这是以低成本实现鲜花铺满斜坡的理想解决方案。

★

藤芋属植物

Scindapsus

茎插

最佳扦插期

| 1 | 2 | 3 | 4 | ▼ 5 | 6 | 7 | 8 | 9 | 10 | 11 | 12 |

藤芋属植物生长在光照充足的地方，应定期清洁叶片。其茎粗壮，是一种理想的攀缘植物。扦插法是在一般环境下繁殖藤芋属植物的较优繁殖方法，并且该属植物必须在室内盆中栽培。

1

春季，在叶芽点的下方剪取不太幼嫩的茎秆顶梢，截成8～10厘米长的作为插穗。摘除基部的部分叶片。

扦插入盆，将插穗插入园土（1/5）、腐殖土（2/5）和泥炭土（2/5）混合的培养基质中。放置在暖和的地方（最佳温度20℃）。藤芋属植物水培扦插也容易生根。一旦插穗生根，就立即换盆栽种。

2

每盆栽种3～5根插穗，以便快速获得枝叶茂密的植株，嫩绿的枝藤爬满花架。

黑刺李

Prunus spinosa L.

茎插

最佳扦插期 ▼

| 1 | 2 | 3 | 4 | 5 | 6 | 7 | 8 | 9 | 10 | 11 | 12 |

最佳移植期

1

夏季，剪取已经硬化的侧枝枝条，将其截成8~12厘米的长度作为插穗，采集时在其基部保留一块主枝的表皮（呈踵状）。摘除部分下部的叶片。

将插穗种进温床内，插入河沙和泥炭土各半的混合基质里（最佳温度15~18℃）。

2

3

在冬季到来之前，将生根的插穗栽种到装有腐殖土的花盆里并且放置在避寒保暖的地方养殖（最佳温度5~10℃）。

在春季，将这些花盆全部埋入土壤里并按此方式栽培2年，然后再将植株定植。

由黑刺李树编织成的树篱在乡村非常普遍。黑刺李对土壤的要求不严，夏季，只要土壤透气凉爽且呈微钙质，在任何普通的壤土中它们都可以生长旺盛。该树既可室内盆栽也可室外种植，耐寒性强。繁殖黑刺李通常采取扦插法，能够快速培育出大量的幼苗，可作防护林，也可作乡间的围篱。

火棘属植物

Pyracantha

茎插

最佳扦插期
1　2　3　4　5　6　7　8　9　10　11　12

最佳移植期

火棘属植物在肥沃、排水良好甚至钙质的土壤里生长旺盛，尤其在阳光充足、日照时间长的环境下生长更佳。常种植在庭院或路边做绿篱以及用作园林造景材料，其枝干上密布尖锐的棘刺能起到防护作用。尽管火棘属植物可采用播种法繁殖，但播种法不能确保培育出的植株与母株具有相同的优良性状。

1

初秋，剪取非常坚硬、带有许多浆果的枝条顶梢，截成10～15厘米的长度作为插穗。摘除基部的部分叶片和所有的果实。

2

将切口面伸入生根粉末中蘸取少许。然后将插穗种进封闭的温床内，插入河沙和泥炭土混合的培养基质中。整个冬季按照此方式养护并保持15～18℃的温度。在春季，将生根的插穗栽种到最终的位置。

如果想要植物生长得更加旺盛，应在定植之前在盆内栽培1～2年。

蓼属植物

Polygonum

1

夏末，剪取一些当年生但已经硬化的茎秆顶梢，将其截成15～20厘米的长度作为插穗。摘除部分基部叶片。

2

将插穗的切口面伸入生根粉末中蘸取少许。将插穗种进迷你温室内，插入河沙和泥炭土各半的混合基质中，并在整个冬季置于凉爽的房间里培育（最佳温度15℃）。

3

春季，等到插穗生出新叶片（生根良好的迹象），就将它们种植到最终的位置。

蓼属植物对土壤要求不十分严格，喜欢阳光普照，但也能在阴凉的环境下健壮生长。植物的生长力旺盛，栽种时需要为其提供一个坚固的支架供茎蔓缠绕向上生长。扦插法是繁殖该属植物最常用的方法。

也可以将稍长一些的插穗（25厘米）直接插入充满泥炭土和河沙的基穴中。

迷迭香属植物

Rosmarinus L.

茎插

| 最佳扦插期 ▼ |
| 1 2 3 [4] 5 6 [7 8] 9 10 11 12 |
▲
最佳移植期

迷迭香属植物具有广适性，能在所有干燥、温暖和排水良好的土壤里生长良好，但不耐潮湿，宜栽种在光照充足的地方。繁殖迷迭香属植物可采用不同的繁殖方法，其中扦插法是唯一能够拷贝出与母株性状相同植株的繁殖方法，培育出大量的幼苗可作用于园林绿化，例如丛植于路缘。

1

夏季，剪取非常坚硬的顶端枝条，将其截成8～10厘米长作为插穗。摘除部分基部叶片并切去插穗尖端。

2

将插穗种进温床内，插入河沙和泥炭土各半的混合基质中。加盖透明塑料膜。整个冬季按照此方式养护，翌年春季种植入园。

也可以略微推迟（在9月份），剪取15厘米长的插穗以相同的方式进行扦插。

黑莓

Rubus ursinus

芽插

最佳扦插期

| 1 | 2 | 3 | 4 | 5 | 6 | 7 | 8 | 9 | 10 | 11 | 12 |

最佳移植期

夏季，采下一片生长状态良好的叶片作为插穗，剪取时在其基部保留叶芽（芽眼）以及茎秆的一片表皮。

常见于生长在野外灌木丛中的黑莓对种植土地要求不严，但在夏季凉爽且肥沃土壤里生长更加旺盛。像树莓一样，黑莓繁殖可采用根蘖育苗的方法，但是目前主要采取芽插繁殖。

将插穗插入河沙和泥炭土混合的培养基质中，插入深度以刚好埋入表皮为宜，叶芽需露在土壤外。盖上园艺钟形罩并注意浇水以防止叶片发黄枯萎。将植株放置在户外的荫蔽角落处培育直至翌年春季，那时，叶芽将会萌发出枝叶，插穗生根存活。

叶芽（芽眼）有时会从秋季开始生长发育。不管怎样，还是要等到春季定植。

★★

蔷薇

Rosa

茎插

最佳扦插期 ▼

| 1 | 2 | 3 | 4 | 5 | 6 | 7 | 8 | 9 | 10 | 11 | 12 |

最佳移植期 ▲

蔷薇对土壤要求不严，但更偏爱于中性，更确切的是土质深厚且肥沃的土壤。喜光，宜种植在光照充足的地方。蔷薇的种类、变种和品种很多，几乎所有的品种都可以采取扦插繁殖。但是，扦插培育出的幼苗其生长活力略弱于嫁接产生的植株。

1

将插穗的根端朝下倒插入河沙和泥炭土混合的培育基质中，扦插深度2厘米。

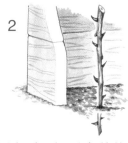

2

秋季，剪取已经硬化、一年生的侧枝枝条，截成10～15厘米长作为插穗。摘除所有的叶片并切去尖端。

2～3周之后，裸露在外的插穗切口面将会愈合。随后将插穗种进温床内，垂直插入相同的营养基质中，扦插深度为插穗长度的2/3。整个冬季均按照此方式进行养护，注意温度不能降到5℃以下以确保其顺利越冬。翌年春季将植株定植。

这种换土移栽的方法可以有效避免插穗腐烂。

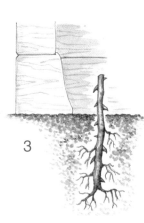

3

芸香

Ruta graveolens L.

茎插

最佳扦插期

| 1 | 2 | 3 | 4 | 5 | 6 | 7 | 8 | 9 | 10 | 11 | 12 |

最佳移植期

秋季，剪取一些6厘米长的新生茎秆顶梢作为插穗。摘除部分基部叶片。

将插穗种进迷你温室内，扦插入河沙和泥炭土各半的混合基质中并放置在暖和的地方（最佳温度15～18℃）。适量浇水以保持基质湿润。

11月，将生根存活的插穗换盆到普通腐殖土中并且整个冬季置于温床内养护。

芸香喜排水良好、甚至是多石的土壤。只要光照充足，它在夏季凉爽的土壤里也能正常生长。繁殖芸香可采取多种途径，分株法是最常用的繁殖方法，与之相比，扦插繁殖能以更快的速度培育出大量的幼苗。

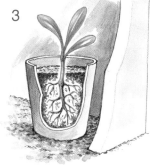

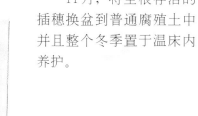

翌年5月，将插穗种植到最终的位置。

非洲紫罗兰

Saintpaulia ionantha

叶插

最佳扦插期

| 1 | 2 | 3 | 4 | 5 | 6 | 7 | 8 | 9 | 10 | 11 | 12 |

最佳移植期

非洲紫罗兰喜温暖气候（全年温度20℃），宜在散射光下生长。夏季高温、干燥，应每2天浇水一次，并喷水增加空气湿度，如果气温下降，浇水应适当减少并且注意避风。扦插法是唯一一种忠实再现母株优良性状的繁殖方式。

1

2

将叶片倾斜地插入花盆，叶柄和叶基部埋进河沙和泥炭土各半的混合基质里。给植株浇水，水温要与室温相近，并给植株罩上透明塑料袋。放置在暖和的地方（最佳温度22℃）。

春季，选取健壮充实、健康的叶片，叶柄留3厘米长度剪下作为插穗。

当叶片基部萌发出幼苗，将植株换盆到由腐殖土、泥炭土和河沙以相同比例配制的混合基质中养护。

3

将新采集的插穗放置在始终湿润的黏土球托盘上，以确保良好的湿润环境。

千屈菜

Lythrum salicaria

茎插

最佳扦插期

| 1 | 2 | 3 | 4 | 5 | 6 | 7 | 8 | 9 | 10 | 11 | 12 |

最佳移植期

春季，剪取一些6～10厘米长的新生茎秆顶梢作为插穗。摘除基部的部分叶片。

将插穗种进迷你温室内（最佳温度18℃），插入河沙和泥炭土各半的混合基质中，并置于阴凉处养护。像细雨般给植株喷水以保持土壤湿润。

千屈菜喜水湿，生于河岸、湖畔、溪沟边和潮湿草地，但在稍微干燥的，夏季能保持凉爽的普通土壤中也能正常生长。喜强光，宜栽种在阳光充足的地方。繁殖千屈菜通常以分株繁殖为主，但扦插法能在短期内培育出更多的幼苗。

从秋季开始，将生根的插穗种植入园。

第一个冬天，给插穗覆盖一层枯稻草，以提高地温，保护植株安全越冬。

虎皮兰

Sansevieria trifasciata

叶插

|最佳扦插期|
| 1 | 2 | 3 | 4 | 5 | 6 | 7 | 8 | 9 | 10 | 11 | 12 |
|最佳移植期|

虎皮兰喜欢温暖的气温（适宜温度16～20℃），也较喜阳光，需光照充足的养殖环境。夏季生长旺盛应充分浇水，冬季休眠期要控制浇水。一般2年换一次盆。扦插是在我们的气候环境下繁殖虎皮兰唯一可能的育种方法。

春季，将成熟、健康的叶片横切成10～15厘米长的小段作为插穗。露天晾24小时使其干燥。

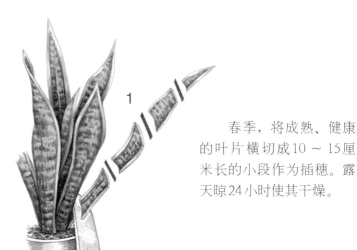

将插穗植入花盆，插入泥炭土和河沙各半的混合基质中，扦插深度为插穗的2/3。将植物罩上透明塑料袋并放置在暖和的地方（最佳温度20～25℃）。适量浇水以保持混合基质湿润。

当新芽长出叶子，将插穗上盆移栽到腐殖土（1/3）、灌木腐叶土（1/3）和河沙（1/3）混合的培养基质中养护。

香叶棉杉菊

Santolina

茎插

最佳扦插期
▼
| 1 | 2 | 3 | 4 | 5 | 6 | 7 | 8 | 9 | 10 | 11 | 12 |

▲
最佳移植期

1

秋季，剪取一些5～6厘米长的侧枝顶梢作为插穗。摘除部分基部叶片。

随着春季天气逐渐变暖温度越来越高，应经常打开温床保持通风以防止插穗受潮发霉。

将插穗插入装满河沙（2/3）和泥炭土（1/3）混合基质的花盆中，放置在温床内。整个冬季按照此方式培育养护。春季，等到插穗生根存活就直接栽种到位。

2

香叶棉杉菊喜坚硬的砾石性土壤，甚至在钙质土壤上也能正常生长，但需足够肥沃。宜栽植在阳光充足的环境下并在花期后严格修剪枝条。繁殖香叶棉杉菊最常采用扦插法，能够培育出大量性状相同的幼苗。

★★★

鼠尾草属植物

Salvia L.

茎插

最佳扦插期

| 1 | 2 | 3 | 4 | 5 | 6 | 7 | 8 | 9 | 10 | 11 | 12 |

最佳移植期

鼠尾草属植物容易栽植，最适宜干燥的砾石性土壤，甚至在钙质土壤上也能正常生长。应避免土壤水分过多，尤其是在寒冷的冬季，土壤过湿易造成植株冻伤。喜光，宜栽种在阳光充足的环境下。繁殖鼠尾草属植物最适宜采取扦插法，既能够保留母株的优良性状，又可以快速培育出大量的幼苗。

将插穗插入河沙和泥炭土各半的混合基质中，放置在10℃左右的温床内培育。保持基质微湿状态。按照此方式养护直至翌年春季。

秋季，剪取未开花的新生茎秆顶梢，将其截成6厘米的长度作为插穗。摘除部分基部叶片。

春季，等到插穗生根存活就直接栽种到位。

扦插后，剪取茎秆顶梢，以促萌发新枝。夏季将会首次开花。

柳属植物

Salix L.

茎插

最佳扦插期 ▼

| 1 | 2 | 3 | 4 | 5 | 6 | 7 | 8 | 9 | 10 | 11 | 12 |

最佳移植期

扦插于早春进行，选择生长健壮、组织充实的枝条（直径为铅笔粗细），剪取20～25厘米长的枝条顶梢作为插穗。切去每根插穗的尖端。

将插穗立即种植到花园荫蔽角落的轻质土壤中。定期浇水。在秋季定植之前按照此方式养护1年。

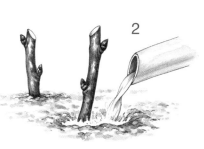

修剪栽种在小院落里的柳树，使其顶部呈现盆形。让幼苗自由生长直到预期高度，随后的5～6年里，每年冬季持续地修剪植株以保持相同的规定高度。

柳属植物最适宜在阳光充足的环境下，在夏季保持凉爽的土壤上生长。多喜湿润，生于水边常有水生根。繁殖柳属植物通常采取扦插法，它是唯一种能够保持母株优良性状的繁殖方法。

蓝盆花属植物

Scabiosa L.

茎插

蓝盆花属植物喜干燥土壤，甚至在钙质的壤土中也能正常生长，但需排水良好。栽种在阳光充足的环境下，夏季开花会更加繁多。繁殖该属植物可采取分株法，这是一种容易操作的繁殖方法，但是扦插繁殖在培育幼苗的速度和数量上更具优势。

1

秋季，剪取一些未开花的嫩茎顶梢，截成6～8厘米长度作为插穗。摘除部分基部叶片。

将插穗扦插入装满沙壤土的花盆里，放置在温床内。监测温度（最佳15～18℃）。整个冬季置于温床内养护。

2

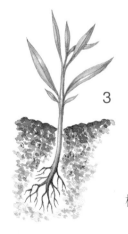

3

除去严寒期以外，在其他时间需经常打开温床保持通风以防止霉菌生长。

春季，等到插穗生根后就直接栽种到位。

鹅掌柴属植物

Schefflera L.

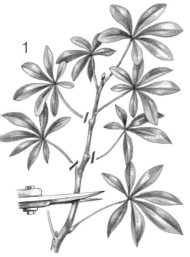

夏末，剪取10厘米长的坚硬茎秆顶梢作为插穗。摘掉部分侧叶（最大的叶片）。

将切口面伸入生根粉末中蘸取少许，然后将插穗扦插入盆，插入装有河沙和泥炭土各半的混合基质中。给整棵植株罩上透明塑料袋并放置在暖和的地方培育（最佳温度18～20℃）。

鹅掌柴属植物喜少光环境并在几乎无光照的荫蔽角落处最为理想。但是多色变种对光照要求更高。喜冷凉的温度，生长适温为12～15℃并且每年春季换盆一次。

在1个半月之后，将生根的插穗（带有新叶）换盆到园土（1/3）、腐殖土（1/3）和泥炭土（1/3）的混合基质中养护。

山梅花属植物

Philadelphus L.

茎插

最佳扦插期 ▼

| 1 | 2 | 3 | 4 | 5 | 6 | 7 | 8 | 9 | 10 | 11 | 12 |

▲
最佳移植期

山梅花属植物适应性强，对土壤要求不严，可适生于各种优质的花园土。喜光，在阳光充足的环境下，树势旺盛、生长健壮且开花繁密、花朵芳香。繁殖山梅花属植物可采取不同的繁殖方法，其中扦插法既能培育出大量的幼苗又可保留母株的优良性状。

1

2

6月，剪取一些当年生、略硬的枝条顶梢，将其截成12厘米的长度作为插穗。摘除部分基部叶片。

将插穗插入河沙和泥炭土各半的混合基质中，置于温床内并加盖透明塑料膜。冬季监测温度（最佳温度12～15℃）。如果您所在的地区冬季极其寒冷，应将插穗移栽到小花盆，便于放置在避寒保暖处以保证植株安全越冬。

3

春季，将生根的插穗种入装有等量花园土和腐殖土混合物的花盆里栽培。

花盆内栽培插穗直至秋季定植。

★★★★

日本茵芋

Skimmia japonica

茎插

| 1 | 2 | 3 | 4 | 5 | 6 | 7 | 8 | 9 | 10 | 11 | 12 |

最佳移植期

秋季，剪取一些非常坚硬的侧枝，将其截成10～15厘米的长度作为插穗，采集时在其基部保留一部分主枝的表皮（呈踵状）。摘除部分下部叶片。

将切口面伸入生根粉末中蘸取少许。然后将插穗插入河沙和泥炭土各半的混合基质里，放置在温床内。加盖透明塑料膜。整个冬季置于温床内培育（最低温度5℃）。

翌年春季，将插穗种植在花园荫蔽角落处的灌木腐叶土中，至少栽培3年然后定植。

日本茵芋宜栽种在灌木腐叶土中，既可生长在阳光充足的地方也可生长在阴凉处。它是一种雌雄异株的常绿灌木，必须有雌雄株在一起才会授粉受精结果，两者缺一不可，结出的红色浆果是一大观赏亮点。繁殖日本茵芋通常采用扦插法，它是唯一一种既能保留母株灌木的优良品性，又可快速培育出大量幼苗的繁殖方法。

绣线菊属植物

Spiraea L.

茎插

绣线菊属植物宜生长在肥沃和夏季凉爽的土壤中，在阳光充足的环境下更佳。花期过后，需修剪养护，剪去枯萎的花朵。繁殖绣线菊属植物可采取不同的繁殖方法，其中扦插法能够快速培育出大量性状相同的幼苗，多用于园林绿化，例如可用来营造花篱，既起到阻隔作用又可观花。

1

春季，剪取位于灌木顶部的幼枝顶梢，将其截成8～10厘米的长度作为插穗。摘除部分基部叶片并切去尖端。

2

将插穗插入河沙和泥炭土各半的混合基质里，放置在温床内。加盖透明塑料薄膜。如有必要需要适当遮荫并定期浇水保持基质湿润。整个冬季按照此方式养殖。

翌年秋季，可将插穗栽种到最终的位置。

海豚花

Streptocarpus saxorum

叶插

最佳扦插期

1 2 3 4 5 6 7 8 9 10 11 12

最佳移植期

从植株中间位置挑选一片健康、壮硕的叶片，将海豚花叶柄一并从叶基部剪下。分切为数块4～6厘米长的片叶作为插穗。

将每块片叶的一个切面伸入生根粉末中蘸取少许。然后扦插，将准备好的插穗植入装满河沙（2/3）和泥炭土（1/3）混合物的瓦罐里。放置在散热片上培育（最佳土壤温度15～18℃）。

大约8～10周后，沿着主脉部分就会生出许多幼小植株。

海豚花适合栽培在明亮的室内环境下，但需注意避免艳阳直射。在生长期和开花期定期浇水。随后需逐渐减少浇水直至叶片变黄。扦插是在一般的气候环境下繁殖该植物的最优方法。

等到幼苗生出3片叶子就可将植株种到普通的腐殖土里养护。

★★★

乔木

火炬树

Rhus typhina

根插

最佳扦插期 ▼

| 1 | 2 | 3 | 4 | 5 | 6 | 7 | 8 | 9 | 10 | 11 | 12 |

▲ 最佳移植期

火炬树对土壤适应性强，只要排水良好且富含沙质，亦可在干旱贫瘠的土壤中正常生长。喜光，适合栽种在阳光充足的环境下。繁殖火炬树可采取分株法，但是操作过程非常缓慢（有时需要2年时间才能生根）。最好选择扦插繁殖，可用更快的速度培育出大量的幼苗。

1

小心地挖掘出火炬树的一段根系，从土中拉出时要求尽可能多地保留细根。将粗根切成若干8～10厘米长的根段作为插穗，确保每个根段上至少携带一些根须。

将根段埋进育苗箱的沙壤里。放置在暖和的地方（最佳温度20℃）并保持湿润。等到春季插穗上生出嫩叶，就将新植株直接栽种到花园里的合适位置。

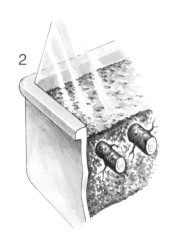

2

在处理根部时需要戴上手套操作：大多品种的火炬树树液会引起严重的皮肤过敏。

★

接骨木属植物

Sambucus L.

茎插

最佳扦插期 ▼

| | | | | | | | | | | | |
|1|2|3|4|5|6|7|8|9|10|11|12|

最佳移植期

1

夏季，剪取已经硬化的侧枝顶梢，将其截成25～30厘米的长度作为插穗。摘除部分基部叶片并切去插穗尖端。

2

将插穗栽种到花园里的遮蔽角落处，种植时应在土壤中添加大量的沙子。定期浇水并按照此方式栽培1～2年，随后定植。

接骨木属植物在夏季凉爽的土壤上正常生长，喜向阳，亦耐阴；但是，对于有杂色或金黄色叶片的种类，仅适合栽种在阳光充足的地方。扦插是繁殖接骨木属植物的唯一繁殖方法。

接骨木属植物在水中也易于生根：一旦生根需要立即移栽插穗。

毛核木属植物

Symphoricarpos

茎插

| 1 | 2 | 3 | 4 | 5 | 6 | 7 | 8 | 9 | 10 | 11 | 12 |

▲
最佳移植期

毛核木属植物适应性强，对生长环境要求不严，在阳光充足或半阴的环境下可在排水良好的普通土壤中正常生长。繁殖毛核木属植物，可采用分株法从植株根部将嫩芽挖出，分切成若干单株进行移栽，但是扦插法能在更短的时间内培育出更多的幼苗。

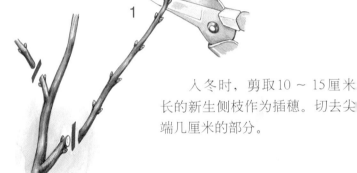

入冬时，剪取10～15厘米长的新生侧枝作为插穗。切去尖端几厘米的部分。

将插穗稍微倾斜插入沙壤土中，种植在朝北面墙脚处，扦插时刚好使插穗露出地面几厘米。

在春季，等到插穗生根就将新植株种植到荫蔽处掺有河沙的土壤中。

在定植前应将植株置于荫蔽的环境下栽培2年。

★

合果芋属植物

Syngonium

茎插

最佳扦插期

| 1 | 2 | 3 | 4 | 5 | 6 | 7 | 8 | 9 | 10 | 11 | 12 |

最佳移植期

初夏，剪取一些10厘米长的茎秆顶梢作为插穗。摘除部分基部叶片。

将插穗扦插入装有等量河沙和泥炭土混合基质的花盆里。放置在暖和的地方（最佳温度20℃）。经常喷洒以保持插穗周围较高的空气湿度。等到长出新叶，就将新植株换盆到普通腐殖土里并放在明亮的光处养护15天，避开太阳直射，直到插穗恢复生长。

合果芋属植物对光照的适应性很强，喜散光，忌日光直射。此属植物喜湿润怕干旱，因此，在夏季，如果温度超过18℃，就要对它进行定期浇水，每周浇水两次。同时向叶面及四周环境喷水以保持凉爽。

合果芋属植物也易于水培。因此，可将插穗扦插入黏土球中让其生根，替换掉通常使用的河沙和泥炭土的混合基质。

柽柳属植物

Tamarix

茎插

最佳扦插期

| 1 | 2 | 3 | 4 | 5 | 6 | 7 | 8 | 9 | 10 | 11 | 12 |

柽柳属植物为喜光树种，不耐阴，宜栽种在空间开阔、日照充足之处。对土质要求不严，只要排水良好，能在任何土壤上正常生长。扦插法是唯一能够保留母株优良性状的繁殖方法。

1

冬末初春，在萌发新叶之前，选取生长旺盛的枝条（直径为铅笔粗细）作为插穗，插穗长10～15厘米。

2

插穗直接栽种到位，扦插深度大约为插穗的1/3。在第一个夏季应给植株频繁浇水，保持土壤湿润以促其良好生长。

插穗生根之后的冬季期间，在离土壤基质几厘米高的地方对幼龄植株进行严格地修剪，以促使从基部开始萌发密集的枝条。这样它将更好地起到防风固沙的作用。

崖柏属植物

Thuja

茎插

最佳扦插期 ▼

| 1 | 2 | 3 | 4 | 5 | 6 | 7 | 8 | 9 | 10 | 11 | 12 |

▲
最佳移植期

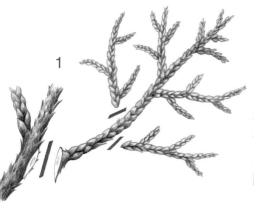

1

夏末，采集一些长度不超过10厘米的枝条作为插穗，向下掰取，使插穗基部上带有一块主枝表皮（呈踵状），备用。

将插穗插入河沙和泥炭土各半的混合基质中，放置在温床内。按照此方式养殖直至冬天结束。

2

3

崖柏属植物对土质要求不严，喜生长在所有良好的花园土壤中，耐阳亦耐半阴。该属植物耐冻，常用于营造大规模的树篱。繁殖崖柏属植物常使用扦插法，能在短时间内培育出大量与母株性状相同的幼苗——这是一种理想的方案，可以低成本编织一道树篱，但是要实现这个目标过程漫长，需要耐心等待！

在接下来的春天，将生根的插穗种植在花园的遮蔽角落。在3—4月定植之前需要等待1～2年。

如果土壤条件特别有利，也可以在春天直接种植到位。

垂蕾树

Sparmannia africana

茎插

最佳扦插期 ▼						
1	2	3	4	5	6	7	8	9	10	11	12

最佳移植期 ▲

垂蕾树喜生长在室内光线明亮且夏季通风良好的地方，但在冬季适宜生长在凉爽的环境（12～15℃）。每年换盆一次，移栽到腐殖土和堆肥混合的培养基质中养护。

夏季，剪取一些15厘米长的茎秆顶梢(其基部略硬)作为插穗。摘除部分下部叶片。

将插穗插入河沙和泥炭土各半的混合基质中，罩上透明塑料袋并放置在暖和的地方培育（最佳温度20℃），应避免阳光直射。一旦出现生根迹象（新叶长出），就要循序渐进地将幼苗移出塑料袋。

大约2个月之后换盆到普通的腐殖土中栽种。

驮子草

Tolmiea menziesii

叶插

| 1 | 2 | 3 | 4 | 5 | 6 | 7 | 8 | 9 | 10 | 11 | 12 |

最佳移植期 ▲

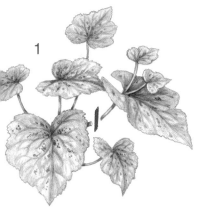

1

春季，剪取一些基部带有胚芽的叶片（这是驮子草的特征之一）作为插穗，留有2厘米的叶柄。

将叶片垂直插入腐殖土和泥炭土各半的混合土壤中，叶柄直至叶基部埋进营养基质中等待生根。嫩芽必须与培养土充分接触。浇水保持基质湿润即可。

2

这种带有杂色树叶的小型室内植物喜明亮的光线，但忌阳光直射。在夏季的时候应浇水充足：任何情况下的缺水都会导致植株枯萎，但是只要将其浸入水中就能恢复正常的状态。

等待母本叶片干燥可能需要几个月，然后小心地将其分离并单独种植发育良好的插穗。

★★

女贞属植物

Ligustrum L.

茎插

| 1 | 2 | 3 | 4 | 5 | 6 | 7 | 8 | 9 | 10 | 11 | 12 |

▲
最佳移植期

女贞属植物在普通的土壤中可生长良好，喜光微耐阴。扦插是唯一能够快速培育大量幼苗，又能保持母株斑叶性状的繁殖方法，可作用于园林绿化，例如，以低成本（但需要耐心）营造一道树篱。

初夏，剪取非常坚硬的顶生枝条，将其截成15厘米长作为插穗。摘除部分叶片，另有2～3张叶子剪掉部分面积以减少蒸腾，切去尖端。

将插穗基部浸入生根粉末中，随后扦插入河沙和泥炭土各半的混合基质里，置于温床内。罩上透明塑料膜或是园艺钟形罩。按照此方式养护培育直至冬季结束。

春季，将新植株种到花园里的荫蔽角落处栽培，然后定植，定植可从秋季开始或是1年之后进行。

★

赫柏

Veronica

茎插

最佳扦插期 ▼

| 1 | 2 | 3 | 4 | 5 | 6 | 7 | 8 | 9 | 10 | 11 | 12 |

▲ 最佳移植期

夏季，剪取已经硬化的侧枝顶梢，将其截成10厘米长作为插穗。摘除基部的部分叶片。

将插穗插入装有等量河沙和泥炭土混合物的花盆里。整个冬季置于温床内培育，随后的春季生长期内放置在花园的荫蔽角落处养殖。

秋季，将插穗种植到最终栽培的位置。在第一个冬天应用稻草覆盖基质以促使插穗安全越冬。

赫柏既可盆栽也可庭院种植。该植物对土质要求不严，但需要生长在阳光充足且避风的环境下，尤其是在冬季。在寒冷地区栽种更是如此。扦插法是繁殖赫柏最常用也是最简便的繁殖方法。

插穗生根速度快，可能在初秋就会进行。因此从10月开始就可定植，同时使用稻草覆盖土壤表面以保护植株根部。

糙叶美人樱

Verbena rigida

茎插

| 1 | 2 | 3 | 4 | 5 | 6 | 7 | 8 | 9 | 10 | 11 | 12 |

最佳扦插期 ▼（8～9间）

最佳移植期（5）

糙叶美人樱对土质要求不严，喜光，只有在阳光充足的条件下才会开花繁茂。它是多年生花卉，除气候温和地区，在其他地方不具有广适性。扦插糙叶美人樱能在冬季以最小的空间贮藏插条。

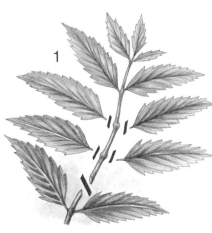

夏末，剪取一些未开花的茎秆顶梢，将其截成8～10厘米长作为插穗。摘除部分基部叶片。

将插穗种进花园里的荫蔽处，扦插入河沙和泥炭土的混合基质里。盖上钟形罩。在寒冷的地区，入冬时应将插穗换盆到相同的培育基质中并放置在保暖防寒处养护（最低温度5℃）。

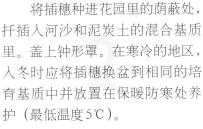

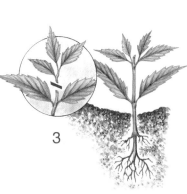

从2月开始，等到插穗恢复生长，选择在一天中最热的时间段揭开钟形罩，让植株慢慢适应外部环境，直到完全适应后再全部移走覆盖物。剪取茎秆尖端以促萌发分枝。

在5月，将糙叶美人樱植株种到最终的位置。

葡萄

Vitis vinifera L.

茎插

最佳扦插期▼

| 1 | 2 | 3 | 4 | 5 | 6 | 7 | 8 | 9 | 10 | 11 | 12 |

▲最佳移植期

在落叶期之后，从2年生的树枝上（非常坚硬）剪取20～30厘米长度的侧枝作为插穗，采集枝条时在其基部保留2～3厘米长的主枝部分（插条）。切去尖端几厘米，切口正好位于叶芽的上方处。

葡萄虽然在各种土壤均能栽培，但以干燥的砾石质，甚至是钙质土壤为最好。这样的土壤能让其根系能够深深地扎入泥土，吸收土壤中的水分。葡萄宜种植在阳光充足的环境下。扦插繁殖是一个快速的过程，可以在保持葡萄品质的同时大量培育幼苗。

将插穗埋入装满河沙的育苗箱里，扦插深度以枝条上一个叶芽刚露出土为宜。放置在朝北墙角处培育。

春季，将插穗栽种到花园里的遮蔽角落处，始终保持露出一个叶芽。不久，嫩叶就会长出，插穗生根存活。等到翌年冬季进行定植。

在栽培环境特别有利的地区（冬季温和、夏季炎热），也可在3月直接将插穗栽种到最后定植的位置。

爬山虎属植物

Parthehocissus

茎插

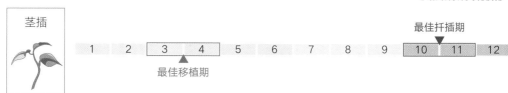

1 | 2 | 3 | 4 | 5 | 6 | 7 | 8 | 9 | 10 | 11 | 12

最佳扦插期 ▼

最佳移植期 ▲

爬山虎属植物对土质要求不严，其具有较好的耐污染性。在阴湿或向阳处均能正常生长，但在阳光充足的环境下生长更佳。该属植物的后期养护仅需修剪过长茎蔓或是清理老弱病枝。扦插是繁殖爬山虎属植物最常用的培育方法。

扦插深度以一个叶芽刚露出土为宜。放在无霜冻的地方培育。

在落叶期之后，剪取茎蔓上的枝条，截取10厘米长作为插穗。切去插穗尖端几厘米，切口正好位于叶芽的上方处。将插穗埋入装满河沙的育苗箱里，

在春季，将插穗栽种到花园里（插穗还未生根），始终保持一个叶芽露在土壤外。不久，嫩叶长出，插穗生根存活。

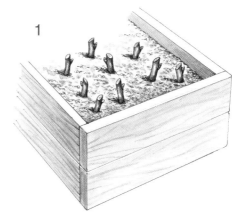

在种植后的第一个夏季应给插穗定期浇水。

荚蒾属植物

Viburnum L.

茎插

最佳扦插期 ▼

| 1 | 2 | 3 | 4 | 5 | 6 | 7 | 8 | 9 | 10 | 11 | 12 |

最佳移植期

1

夏季，剪取当年生的侧枝枝梢，将其截成10～15厘米长作为插穗。去掉部分基部叶片并将剩余叶子中最大的叶片剪去一半面积，以降低蒸腾。

落叶品种能以同样的方式进行扦插，但扦插时期通常在6月，从依旧是绿色的新生茎秆上采集插穗。

荚蒾属植物适宜生长在夏季保持凉爽的土壤中，耐阳光，也耐半阴。该属中有一些物种像地中海荚蒾一样在冬季开花，应保护其免受寒风的侵袭。尽管繁殖荚蒾属植物可采用压条法，但是扦插是最常用的繁殖方式，因为这种方法能快速地培育出大量的幼苗。

将插穗基部浸入生根粉末中蘸取。扦插入河沙和泥炭土各半的混合基质里，放置在温床内。加盖透明塑料薄膜。必要时需遮阴并定期浇水以保持基质湿润状态。入冬前将插穗移植到装有普通腐殖土的花盆里并置于避寒保暖处养护。在春季，将植株种入花园里的荫蔽角落处栽培3年，然后定植。

2

★★★★

锦带花属植物

Weigelia

茎插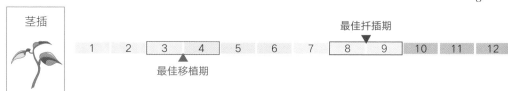

| 1 | 2 | 3 | 4 | 5 | 6 | 7 | 8 | 9 | 10 | 11 | 12 |

最佳扦插期

▲ 最佳移植期

锦带花属植物对土壤要求不严，但以夏季凉爽且排水良好的土壤生长最好。喜光，微耐阴。尽管扦插繁殖锦带花属植物具有一定难度，但这是保留多样品种优良性状（花朵、叶片的颜色等）的唯一途径。

夏季，剪取已硬化的侧枝枝梢，将其截成 8 ~ 15 厘米长作为插穗。去掉部分基部叶片并切去尖端。

扦插时间也可略微提前，在夏初的时候进行，并以当年生的绿色嫩枝作为插穗。

将插穗基部伸入生根粉末中蘸取少许。扦插入河沙和泥炭土各半的混合基质里，放置在温床内。加盖透明塑料薄膜，整个冬季按照此方式养护培育。在春季，将植株种入花园里的荫蔽角落处栽培3年，然后定植。

★★

丝兰属植物

Yucca L.

叶插

最佳扦插期 ▼

| 1 | 2 | 3 | 4 | 5 | 6 | 7 | 8 | 9 | 10 | 11 | 12 |

▲ 最佳移植期

使用锋利的嫁接刀从树干上切取一根至少带有4片叶子的新枝作为插穗，采集插穗时保留树干的少许表皮。

1

将莲座叶丛扦插入泥炭土和河沙各半的混合基质中。扦插深度以刚好埋入叶基部为宜。放置在高温处，例如放在暖气片上（最佳温度25℃）。浇水保持基质湿润即可。

2

丝兰属植物在法国南部地区可作露地栽培，但在其他地区则是一种室内盆栽植物，形态优美，喜明亮的散射光线和少量浇水。应定期喷洒叶片。扦插是室内繁殖丝兰属植物的唯一途径。

1～2个月后，等到新叶长出，就将新植株换盆到花园土、腐殖土和泥炭土的混合基质中栽培。

专业用语汇编

酸性土壤：酸性土壤是pH（即酸碱度，详见该词解释）小于7的土壤总称。能在该类型土壤中茁壮生长的植物称之为灌木叶腐殖土植物。

一年生（植物）：植物生活型的一种，是指植物完成一个生命周期仅仅需要一年的时间。一旦播种，就会在冬季到来之前完成种子萌发、营养生长、开花结实和衰老死亡这几个过程。

成熟枝：一年生枝条在入冬前硬化，因为它会长成木。

二年生（植物）：是指植物在两年内完成其生命周期。在第一年里，播种，植物长根和叶；在第二年里开花、结果和结籽，然后死亡。园丁们通常在夏季播种，翌年春季也就是种植后的8～9个月里就能看到植物开花，并非像自然界中在播种后1年才开花。

球茎（植物）：指具有由根系（或地下茎）变态形成的膨大部分的植物，其茎基部贮藏有大量的营养物质。这些营养物质可以保证植株第二年正常生长直至开花。

钙质土壤：pH大于7的土壤。这种类型的土壤富含高比例的碳酸钙，有时会阻碍植物对某些成分的吸收利用。因此植物会产生缺绿症，叶片变成黄绿色。

丛生：由靠近地面的树根生长出的木质茎（含有坚硬的木质部）形成的灌木丛或树簇。

插条：在插穗枝条的基部上保留一段2～3厘米长的枝段。新老枝交接处节间养分多、组织紧密，易萌发新根。

根蘖繁殖：某些物种（如覆盆子）具有在其根部直接生产幼枝的能力；这些植物通常具有非常广泛的根系，因此在距离植物很远的地方也可能萌发幼芽。

鳞片叶：它们是一些转变为储存器官的叶片，因而非常肥厚。

（插穗）生根：是指植株营养器官的一部分插入培养基质中，利用其再生能力生根抽枝，成为新植株。

促栽培的防寒纱：半透明的轻薄纺织制品，用作覆盖材料遮盖植物，可以防寒或是加速苗木生长，以及在初春促使胚芽发育。

徒长枝：在树木的枝条上，当年生长势非常旺盛的生长枝，1年内可超过1米长并且几乎直立生长。

修剪植物：扦插前准备插穗的一个操作步骤。为了限制水分流失，最大限度地缩小叶片面积。

轻质土：是指含有高比例河沙或有机物的土壤，渗水速度快。操作时使用铲子挖掘很容易，并且不会粘在工具上。

叶缘：叶片的周边、叶片的边缘，位于叶脉周围。植株叶片正是通过叶缘捕捉阳光获得能量。

压条法：是对植物进行人工无性繁殖的一种方法。与扦插相反，这种方法能使未脱离母株的枝条生根。将枝条的一部分埋压土中，待其生根后再与母株断开，成为独立的新植株。

高压法（空中压条法）：与其他的压条方法一样，这种操作旨在让植物的枝条与土壤充分接触。但是土质混合物被保留在靠近枝条的塑料袋中。

芽眼：园丁们常用于指代一个发育良好却仍然闭合的幼芽。人们可用"发育良好的芽"代替该术语。

pH：测量土壤酸度的化学单位。在法国，pH范围在5（酸性最强）至8（酸性最弱）之间。pH=7呈中性。

掐尖：剪取嫩枝顶端，以促进侧枝萌发。

插：园丁们通常使用该术语来描述对刚采集但尚未生根的插穗的栽种行为。

生根粉：化学物质粉末，在植物器官的生长发育中起重要作用，促进植物生根。

新枝（幼芽）：在树干底部或树根周围出现的嫩枝(幼芽)。

移植：当园丁们将生根的插穗植入花盆或直接栽种入园时，就会使用该术语。

复苏：当插穗显出一些生根的迹象，例如长出新叶、恢复生长等，我们就会说插穗复苏存活。

广适性：是指一种植物能够正常承受特定区域的气候条件。

半熟枝（枝条）：是指当年生的枝条出现木质化的倾向。枝条变得更硬，变色（变成浅棕色）；木心开始产生。

踵：采集插穗时在插穗基部保留小块老枝部分。插穗正是从新老枝交接处生根。

多年生植物：是指在同一地方持续生长数年的植物。大多数的多年生植物消失以埋入地的根的形式保存，待春季又再长出。

图片版权声明

出版者号：48270N2

书序号：F14047

封面设计：洛朗·奎莱特

文字编辑：胡格斯·科尼尔

2014年4月，埃斯特拉·格拉菲卡在西班牙完成出版

图书在版编目（CIP）数据

一看就会的花卉树木快速扦插大全：全程图解版／
（法）罗森·勒帕热，（法）丹尼斯·雷图纳德著；白琰
媛译；（法）乔尔·博迪埃绘．—北京：中国农业出版
社，2024.3

ISBN 978-7-109-27731-1

Ⅰ．①一…　　Ⅱ．①罗…②丹…③白…④乔…　　Ⅲ．
①花卉-扦插-图解②树木-扦插-图解　Ⅳ．
① S680.4-64 ② S723.1-64

中国版本图书馆CIP数据核字（2021）第005338号

L'ABC de la bouture,

© First published in French by Rustica, Paris, France – 2000

Simplified Chinese translation rights arranged through Dakai – L'agence

合同登记号：01-2019-6904

中国农业出版社出版

地址：北京市朝阳区麦子店街18号楼
邮编：100125
责任编辑：黄　曦
版式设计：王　怡　　责任校对：吴丽婷　　责任印制：王　宏
印刷：北京缤索印刷有限公司
版次：2024年3月第1版
印次：2024年3月北京第1次印刷
发行：新华书店北京发行所
开本：700mm×1000mm　1/16
印张：14
字数：290千字
定价：88.00元